明远通识文库

通川至海，立一识大

四川大学通识教育读本
编委会

主　任
游劲松

委　员
（按姓氏笔画排序）

王　红	王玉忠	左卫民	石　坚
石　碧	叶　玲	吕红亮	吕建成
李　怡	李为民	李昌龙	肖先勇
张　林	张宏辉	罗懋康	庞国伟
侯宏虹	姚乐野	党跃武	黄宗贤
曹　萍	曹顺庆	梁　斌	詹石窗
	熊　林	霍　巍	

主 编：高 祥 张媛媛

副主编：孙晓东 陈锦瑶 曾 怡 李 放

生命的伦理

禁忌、技术
与未来

—

四川大学出版社
SICHUAN UNIVERSITY PRESS

|总 序|

通识教育的"川大方案"

◎ 李言荣

　　大学之道，学以成人。作为大学精神的重要体现，以培养"全人"为目标的通识教育是对"人的自由而全面的发展"的积极回应。自 19 世纪初被正式提出以来，通识教育便以其对人类历史、现实及未来的宏大视野和深切关怀，在现代教育体系中发挥着无可替代的作用。

　　如今，全球正经历新一轮大发展大变革大调整，通识教育自然而然被赋予了更多使命。放眼世界，面对社会分工的日益细碎、专业壁垒的日益高筑，通识教育能否成为砸破学院之"墙"的有力工具？面对经济社会飞速发展中的常与变、全球化背景下的危与机，通识教育能否成为对抗利己主义，挣脱偏见、迷信和教条主义束缚的有力武器？面对大数据算法用"知识碎片"织就的"信息茧房"、人工智能向人类智能发起的重重挑战，通识教育能否成为人类叩开真理之门、确证自我价值的有效法宝？凝望中国，我们正前所未有地靠近世界舞台中心，前所未有地接近实现中华民族伟大复兴，通识教育又该如何助力教育强国建设，培养出一批堪当民族复兴重任的时代新人？

　　这些问题都需要通识教育做出新的回答。为此，我们必须立足当下、面向未来，立足中国、面向世界，重新描绘通识教育的蓝图，给出具有针对性、系统性、实操性和前瞻性的方案。

　　一般而言，通识教育是超越各学科专业教育，针对人的共性、公民的

1

共性、技能的共性和文化的共性知识和能力的教育，是对社会中不同人群的共同认识和价值观的培养。时代新人要成为面向未来的优秀公民和创新人才，就必须具有健全的人格，具有人文情怀和科学精神，具有独立生活、独立思考和独立研究的能力，具有社会责任感和使命担当，具有足以胜任未来挑战的全球竞争力。针对这"五个具有"的能力培养，理应贯穿通识教育始终。基于此，我认为新时代的通识教育应该面向五个维度展开。

第一，厚植家国情怀，强化使命担当。如何培养人是教育的根本问题。时代新人要肩负起中华民族伟大复兴的历史重任，首先要胸怀祖国，情系人民，在伟大民族精神和优秀传统文化的熏陶中潜沉情感、超拔意志、丰博趣味、豁朗胸襟，从而汇聚起实现中华民族伟大复兴的磅礴力量。因此，新时代的通识教育必须聚焦立德树人这一根本任务，为学生点亮领航人生之灯，使其深入领悟人类文明和中华优秀传统文化的精髓，增强民族认同与文化自信。

第二，打好人生底色，奠基全面发展。高品质的通识教育可转化为学生的思维能力、思想格局和精神境界，进而转化为学生直面飞速发展的世界、应对变幻莫测的未来的本领。因此，无论学生将来会读到何种学位、从事何种工作，通识教育都应该聚焦"三观"培养和视野拓展，为学生搭稳登高望远之梯，使其有机会多了解人类文明史，多探究人与自然的关系，这样才有可能培养出德才兼备、软硬实力兼具的人，培养出既有思维深度又不乏视野广度的人，培养出开放阳光又坚韧不拔的人。

第三，提倡独立思考，激发创新能力。当前中国正面临"两个大局"，经济、社会等各领域的高质量发展都有赖于科技创新的支撑、引领、推动。而通识教育的力量正在于激活学生的创新基因，使其提出有益的质疑与反思，享受创新创造的快乐。因此，新时代的通识教育必须聚焦独立思考能力和底层思维方式的训练,为学生打造破冰拓土之船,使其从惯于模仿向敢于质疑再到勇于创新转变。同时,要使其多了解世界科技史,使其产生立于人类历史之巅鸟瞰人类文明演进的壮阔之感,进而生发创新创造的欲望、填补空白的冲动。

第四,打破学科局限,鼓励跨界融合。当今科学领域的专业划分越来越细,既碎片化了人们的创新思想和创造能力,又稀释了科技资源,既不利于创新人才的培养,也不利于"从 0 到 1"的重大原始创新成果的产生。而通识教育就是要跨越学科界限,实现不同学科间的互联互通,凝聚起高于各学科专业知识的科技共识、文化共识和人性共识,直抵事物内在本质。这对于在未来多学科交叉融通解决大问题非常重要。因此,新时代的通识教育应该聚焦学科交叉融合,为学生架起游弋穿梭之桥,引导学生更多地以"他山之石"攻"本山之玉"。其中,信息技术素养的培养是基础中的基础。

第五,构建全球视野,培育世界公民。未来,中国人将越来越频繁地走到世界舞台中央去展示甚至引领。他们既应该怀抱对本国历史的温情与敬意,深刻领悟中华优秀传统文化的精髓,同时又必须站在更高的位置打量世界,洞悉自身在人类文明和世界格局中的地位和价值。因此,新时代的通识教育必须聚焦全球视野的构建和全球胜任力的培养,为学生铺就通往国际舞台之路,使其真正了解世界,不孤陋寡闻,真正了解中国,不妄自菲薄,真正了解人类,不孤芳自赏;不仅关注自我、关注社会、关注国家,还关注世界、关注人类、关注未来。

我相信,以上五方面齐头并进,就能呈现出通识教育的理想图景。但从现实情况来看,我们目前所实施的通识教育还不能充分满足当下及未来对人才的需求,也不足以支撑起民族复兴的重任。其问题主要体现在两个方面:

其一，问题导向不突出，主要表现为当前的通识教育课程体系大多是按预设的知识结构来补充和完善的，其实质仍然是以院系为基础、以学科专业为中心的知识教育，而非以问题为导向、以提高学生综合素养及解决复杂问题的能力为目标的通识教育。换言之，这种通识教育课程体系仅对完善学生知识结构有一定帮助，而对完善学生能力结构和人格结构效果有限。这一问题归根结底是未能彻底回归教育本质。

其二，未来导向不明显，主要表现为没有充分考虑未来全球发展及我国建设社会主义现代化强国对人才的需求，难以培养出在未来具有国际竞争力的人才。其症结之一是对学生独立思考和深度思考能力的培养不够，尤其未能有效激活学生问问题，问好问题，层层剥离后问出有挑战性、有想象力的问题的能力。其症结之二是对学生引领全国乃至引领世界能力的培养不够。这一问题归根结底是未能完全顺应时代潮流。

时代是"出卷人"，我们都是"答卷人"。自百余年前四川省城高等学堂(四川大学前身之一)首任校长胡峻提出"仰副国家，造就通才"的办学宗旨以来，四川大学便始终以集思想之大成、育国家之栋梁、开学术之先河、促科技之进步、引社会之方向为己任，探索通识成人的大道，为国家民族输送人才。

正如社会所期望，川大英才应该是文科生才华横溢、仪表堂堂，医科生医术精湛、医者仁心，理科生学术深厚、术业专攻，工科生技术过硬、行业引领。但在我看来，川大的育人之道向来不只在于专精，更在于博通，因此从川大走出的大成之才不应仅是各专业领域的精英，而更应是真正"完整的、大写的人"。简而言之，川大英才除了精熟专业技能，还应该有川大人所共有的川大气质、川大味道、川大烙印。

关于这一点，或许可以打一不太恰当的比喻。到过四川的人，大多对四川泡菜赞不绝口。事实上，一坛泡菜的风味，不仅取决于食材，更取决于泡菜水的配方以及发酵的工艺和环境。以之类比,四川大学的通识教育正是要提供一坛既富含"复合维生素"又富含"丰富乳酸菌"的"泡菜水",让浸润其中的川大学子有一股独特的"川大味道"。

为了配制这样一坛"泡菜水",四川大学近年来紧紧围绕立德树人根本任务,充分发挥文理工医多学科优势,聚焦"厚通识、宽视野、多交叉",制定实施了通识教育的"川大方案"。具体而言,就是坚持问题导向和未来导向,以"培育家国情怀、涵养人文底蕴、弘扬科学精神、促进融合创新"为目标,以"世界科技史"和"人类文明史"为四川大学通识教育体系的两大动脉,以"人类演进与社会文明""科学进步与技术革命"和"中华文化(文史哲艺)"为三大先导课程,按"人文与艺术""自然与科技""生命与健康""信息与交叉""责任与视野"五大模块打造100门通识"金课",并邀请院士、杰出教授等名师大家担任课程模块首席专家,在实现知识传授和能力培养的同时,突出价值引领和品格塑造。

如今呈现在大家面前的这套"四川大学通识教育读本",即按照通识教育"川大方案"打造的通识读本,也是百门通识"金课"的智慧结晶。按计划,丛书共100部,分属于五大模块。

——"人文与艺术"模块,突出对世界及中华优秀文化的学习,鼓励读者以更加开放的心态学习和借鉴其他文明的优秀成果,了解人类文明演进的过程和现实世界,着力提升自身的人文修养、文化自信和责任担当。

——"自然与科技"模块,突出对全球重大科学发现、科技发展脉络的梳理,以帮助读者更全面、更深入地了解自身所在领域,培养科学精神、科学思维和科学方法,以及创新引领的战略思维、深度思考和独立研究能力。

——"生命与健康"模块,突出对生命科学、医学、生命伦理等领域的学习探索,强化对大自然、对生命的尊重与敬畏,帮助读者保持身心健康、

积极、阳光。

——"信息与交叉"模块，突出以"信息＋"推动实现"万物互联"和"万物智能"的新场景，使读者形成更宽的专业知识面和多学科的学术视野，进而成为探索科学前沿、创造未来技术的创新人才。

——"责任与视野"模块，着重探讨全球化时代多文明共存背景下人类面临的若干共同议题，鼓励读者不仅要有参与、融入国际事务的能力和胆识，更要有影响和引领全球事务的国际竞争力和领导力。

百部通识读本既相对独立又有机融通，共同构成了四川大学通识教育体系的重要一翼。它们体系精巧、知识丰博，皆出自名师大家之手，是大家著小书的生动范例。它们坚持思想性、知识性、系统性、可读性与趣味性的统一，力求将各学科的基本常识、思维方法以及价值观念简明扼要地呈现给读者，引领读者攀上知识树的顶端，一览人类知识的全景，并竭力揭示各知识之间交汇贯通的路径，以便读者自如穿梭于知识枝叶之间，兼收并蓄，掇菁撷华。

总之，通过这套书，我们不惟希望引领读者走进某一学科殿堂，更希望借此重申通识教育与终身学习的必要，并以具有强烈问题意识和未来意识的通识教育"川大方案"，使每位崇尚智识的读者都有机会获得心灵的满足，保持思想的活力，成就更开放通达的自我。

是为序。

（本文作于 2023 年 1 月，作者系中国工程院院士，时任四川大学校长）

目　录

第一讲

生命伦理学与生活

被采集的人脸信息会带来安全隐患吗？基因编辑婴儿为何会成为禁忌？新冠疫苗究竟该如何分配？临床试验是"天使"还是"魔鬼"？随着生命科学和人工智能的发展，越来越多的前沿伦理问题蜂拥而至，让人目不暇接。医患关系、转基因食品、动物相关伦理是我们每个人在日常生活中经常遇到的话题，异体器官移植、安乐死、基因编辑与辅助生殖技术、外来入侵物种也经常在新闻媒体上引起广泛讨论。所以，本书旨在通过真实的伦理案例，与同学们分享生命科学的前沿技术，一起探讨技术带来的伦理困境，通过反复思辨，引导同学们思考安乐死、临床试验、辅助生殖技术、器官移植等相关的伦理问题，分享生命伦理理论和基本伦理原则，并对未来可能出现的伦理问题进行展望。让我们一起来体会生命科学之美、伦理思辨之美、文理医融合之美。

在进入具体的议题之前，我们有必要先对生命伦理学有一定的了解。

第一节　生命伦理学

生命伦理学
是什么

一、生命伦理学是什么？

大家都听说过医德，实际上医德是医学伦理学的内容。生命伦理学和医学伦理学经常被混为一谈。实际上，生命伦理学是医学伦理学的扩展，包括的内容远比医学伦理学广泛。生命伦理学大致包括以下四个方面的内容：第一个方面是所有卫生专业提出的伦理问题，这一点相当于医学伦理学；第二个方面是生物医学和行为研究，无论这种研究是否与治疗直接有关，比如人体试验的伦理问题、行为控制的伦理问题、基因编辑的伦理问题、干细胞研究的伦理问题；第三个方面是广泛的社会问题，如环境伦理学和人口伦理学；第四个方面是动物和植物的伦理问题，比如动物实验中的动物福利和伦理问题。

1981 年美国出版的《生物医学伦理学》包括如下内容：生物医学伦理和伦理学理论，医患关系，干涉权、说真话和知情同意，患者的权利和医生的义务，人体试验中的伦理问题，健康、疾病和价值，非自愿的民事关押和行为控制，自杀和拒绝抢救，安乐死，成人和有缺陷新生儿，人工流产和胎儿研究，遗传学、人类生殖和科学研究的界限，社会公正和卫生保健。

2020 年邱仁宗教授出版的《生命伦理学》（增订版）包括如下内容：生殖技术，包括性别选择、人工授精、体外受精、代理母亲、无性生殖等；生育控制，包括避孕、人工流产、绝育和胎儿研究等；遗传和优生，包括产前诊断、遗传咨询、遗传普查、基因疗法、重组 DNA 和优生等；有缺陷新生儿，包括生命的价值和生命的质量、有缺陷新生儿的安乐死等；死亡和安乐死，包括死亡的定义和标准、安乐死的政策和立法、拒绝治疗等；器官移植，包括移植器官的来源、患者的选择、分配的公正、异种器官移植和人工心脏等；行为控制，包括行为控制技术、脑的电刺激、精神外科、行为的药物控制、精神病患者的行为控制、控制与自主等；政策和伦理学，包括卫生政策、伦理和人类价值，健康权利，政府、集体和个人的责任，卫生保健资源的宏观分配和微观分配。此外，本书的相关部分还详细介绍了可遗传基因组编辑引起的伦理和治理挑战、人类头颅移植不可克服的障碍、杂合体和嵌合体研究的伦理困境，以及非人灵长类动物实验的伦理问题。以上这些，也是当前生命伦理学的热点。

以上是生命伦理学的一些内容和热点，那么生命伦理学在伦理学中到底是什么地位呢？

伦理学是关于道德的哲学研究，是关于理由的理论——做或不做某件事的理由，同意或不同意某件事的理由，认为某个行为、做法、规则、政策和目标好坏的理由。它的任务是寻找和确定与行为有关的行动、动机、态度、判断、规则和目标的理由。对理由的关心说明伦理学是理性的活动，它具有实践理性。它包括元伦理学和规范伦理学两部分。

元伦理学以伦理学为对象，研究伦理学究竟"是"或"应该"怎样的理论，具体研究三类问题：第一，事实与道德判断之间的关系问题，也就是"是"与"应该"之间的关系问题，比如晚期癌症患者的疼痛是无法解除的，能否从这个事实得出安乐死是对的这一伦理学结论呢？再比如，通过器官移植救一位患者所需的医疗资源如果分配给化疗患者，可以挽救两到三位患者的生命，能否从这个事实得出医学资源用于器官移植不是最好的分配这一伦理学结论呢？第二，道德判断与行动的关系问题。当一个人对应该或不应该行动做出合乎伦理的判断后，他能否在实际上采取或不采取行动？第三，原则、规则与行动之间的关系问题。其中涉及多个层次，比如，我们总结了种种吸烟行动可能引起的后果，制定了一些吸烟规则。那么我们可否认为，完成一个行动可先于采取或接受规则呢？

规范伦理学关心的问题是我们应该做什么？其中涉及多个层次，比如，对于一个有严重出生缺陷的新生儿，我们应该做什么？可以是某特定的医生应该做什么、该医院的管理者对于这类新生儿应该做什么，也可以是政府卫生机构对于这类新生儿应该做什么。

规范伦理学又分为普通规范伦理学和应用规范伦理学。普通规范伦理学的任务是对道德义务理论提供理性证明，从而确定某一伦理学理论，以便对什么是道德上是正确的或错误的做出解答；应用规范伦理学解决特定的道德问题，比如安乐死在道德上是否可被证明正确等。生命伦理学则是应用规范伦理学的一个分支学科。

生命伦理学和其他学科的关系又是怎么样的呢？生命伦理学是一个非常典型的交叉学科，我们已经了解了，生命伦理学是应用规范伦理学的一个分支学科，而伦理学是关于道德的哲学研究。此外，生命伦理学还与社会政治哲学和法律密切相关。比如，解决医疗资源的宏观分配和微观分配问题就要涉及"权利""公正"等概念，这就与社会政治哲学相关；安乐死是否要立法，为什么非法植入基因编辑、克隆胚胎要入刑，如何解读《中华人民共和国人类遗传资源管理条例》（国令第717号），这就与法律密切相关。

生命伦理学用伦理学来解决生物医学技术引起的难题和挑战。作为社会的一分子，每个人，包括患者、医生、医院管理人员、卫生决策者等都可能遇到这些难题和挑战。比如，去医院看病时，要妥善对待医患关系；开展生物学研究，要了解实验动物伦理；作为医生，在面临临床决断时，不能把临床决断和伦理学决断绝对分开。伦理问题与生物医学技术问题的关系如此紧密，生命伦理学当然不能脱离生命科学的实际。

生命伦理学并不仅仅是理论的推导，而是包含了大量的真实案例，而且充满了哲学的思辨，启发人思考。欢迎大家加入我们，一起体会思辨之美。

生命伦理学
关注什么

二、生命伦理学的内容

生命伦理学（Bioethics）的英文由 Bio 和 Ethics 两个词组成。Bio 指生命，Ethics 指伦理学。生命主要指人类生命，也涉及其他动物生命和植物生命。生命科学是研究生物，包括植物、动物和微生物的结构、功能、发生发展规律的学科，有很多分支学科，如细胞生物学、分子生物学、神经生物学、生态学、生物化学、生物物理学等。伦理学则是关于道德的哲学研究，包括应该做什么，和应该怎么做。因此，生命伦理学是一门典型的交叉学科。

生命伦理学由美国威斯康星大学的生物学和肿瘤学家范·伦塞勒·波特教授（Van Rensselaer Potter）在其 1971 年出版的著作《生命伦理学：通往未来的桥梁》中第一次给出明确的定义，他认为，"生命伦理学是一门把生物学知识和人类价值体系知识结合起来的科学，它在自然学科和人文学科中间建起一道桥梁，帮助人类生存，维持并促进世界文明"。他对生命伦理学的定义和现在其实不一样，他把生命伦理学定义为用生命科学改善生命的质量，是"争取生存的科学"，把应用科学与伦理学混为一谈了。

20 世纪 70 年代，出现了多个生命伦理学相关研究机构、书籍和期刊。1969 年，美国纽约建立了一个医学/生命伦理学研究所，即后来著名的海斯汀斯中心（The Hastings Center）。从 1971 年开始，该中心出版双月刊《海斯汀斯中心报道》（*The Hastings Center Report*），探讨生命伦理学的热门话题。同年，美国华盛顿乔治敦大学建立了肯尼迪伦理学研究所（Kennedy Institute of Ethics）。1975 年，《医学哲学杂志》（*The Journal of Medicine and Philosophy*）创刊，该刊物由美国健康和人类价值协会（Society for Health and Human Values）创办、芝加哥大学出版社出版，编辑由美国著名的医学家和哲学家组成，创刊宗旨是探讨哲学和医学科学共同关心的问题。1978年，肯尼迪伦理学研究所组织编写了《生命伦理学百科全书》（*Encyclopedia of Bioethics*）。从此以后，生命伦理学研究所、学术会议、刊物大批量涌现。

生命伦理学就是运用伦理学的理论和方法，在跨学科和跨文化的条件下，对生命科学和医疗卫生保健的伦理方面，包括道德见解、决定、行为、政策、法律进行系统研究；也是研究生命科学和卫生保健领域中人类行为的"道德可允许度"的科学。

新兴技术的发展令人类能做到很多以前做不到的事，比如基因编辑、器官移植甚至异种器官移植、人工心脏，我们也因此面临许多前所未有的难题，对传统的伦理观念提出新的挑战。比如，"不伤害原则"是传统的医学伦理学原则，但是关闭一个脑死亡患者的呼吸器，是不是伤害患者呢？不抢救一个脊柱裂的婴儿，是不是伤害患者呢？生命伦理学就是要解决这些难题，回应这些挑战，帮助解决这些医学家、哲学家、立法者和公众共同关心的问题。

首先是新兴技术的发展带来的伦理问题。例如，基因编辑技术有没有可能被滥用？滥用之后会有什么后果？辅助生殖和生育控制技术也有很大进步，人造子宫也在迅猛发展，传统的家庭模式发生巨大变化，这些变化对社会结构会有什么影响？是否要对这种趋势或技术的应用加以控制？

其次是新兴技术的发展带来的非医学需求。例如，人口压力的猛增带来了人口控制的需求，但传统的医德要求医生对患者个体负责，现在又要求医生对社会负责，当这两种责任发生矛盾时，比如避孕、堕胎等，医生该怎么办？现在越来越多的人想采用医学技术美容甚至整容，低鼻梁、单眼皮、脂肪在皮下过度堆积，这些都不是疾病，但是人们这类非医学需要越来越多，那么如何平衡医学需要和非医学需要呢？很多疾病的发生发展与生活方式密切相关，尤其是代谢性疾病，这就需要改变人们的行为模式，需要很多非医学的干预。在这个过程中，医生和医疗部门对此负有多少责任呢？

再次是新兴技术的发展带来的费用高涨问题。国家资源在卫生保健事业和其他事业之间的合理分配、卫生保健事业内部各部门之间的合理分配、不同疾病或不同治疗项目之间的合理分配都是人们关注的问题。有些医疗资源非常稀缺，比如待移植的器官，这时候，如何分配就是一个巨大的问题。

最后是新兴技术的发展带来的人们价值观念的变化。新兴技术的发展使人们更重视效率和效益，而忽视人的价值、情感和责任。这样一来，技术就容易变得冰冷，而公众对技术也就有了更多的恐惧和担忧。

因此，2022 年 3 月，中共中央办公厅、国务院办公厅印发《关于加强科技伦理治理的意见》，这是继 2019 年成立国家科技伦理委员会之后，我国科技伦理治理的又一个标志性事件。科技要向善，伦理必须先行。而伦理先行重在关口前移、风险前瞻。

生命伦理学确实处于伦理学与生命科学或医学的交集处，但生命伦理学并不是一个不同学科问题的混合，而是一门独特的学科。

首先，生命伦理学具有规范性。生命伦理学研究应该做什么和应该怎么做的问题，这就是人的行动的社会规范。同时，生命伦理学也是应用规范伦理学的一个分支。

其次，生命伦理学是理性的学科，依靠人的理性能力，即逻辑思维、推理、理解的能力，不是感性的对生命的爱。

再次，生命伦理学具有实用性，不是理论伦理学的探讨，而是要解

决实践中的伦理问题。

同时，生命伦理学是基于实践中伦理问题的实际情况、基于数据、基于案例的，不能只是基于文献。

最后，生命伦理学具有世俗性，不是宗教或者神学的某个分支。

再次强调，生命伦理学是一门理性的学科，不是感性的学科，不应该将生命伦理学与道德说教、宗教信条等混为一谈。生命伦理学研究一定要从实践中的伦理问题出发，其目的也不是"坐而论道"。

本文后的案例描述了生命伦理学论证对输血感染艾滋病患者的帮助，这是生命伦理学帮助做出合适决策的成功案例。

第二节　伦理学的原则

想要对我们遇到的生命科学相关的问题进行伦理分析和评价，就需要依据基本的伦理学原则。人类历史上已有不少相关准则或法律法规，比如国际上有《纽伦堡法典》（The Nuremberg Code）、《赫尔辛基宣言》（Declaration of Helsinki）、《涉及人的生物医学研究国际伦理准则》（International Ethical Guidelines on Biomedical Research Involving Human Subjects）等，国内也有《人类遗传资源管理暂行办法》《人类辅助生殖技术管理办法》《药品临床试验管理规范》等。要想深入了解和理解这些准则或法律法规，就必须对相关伦理学原则有一定的了解。伦理学原则是在一定条件下，针对实践中遇到的伦理问题形成的，同时也依据一定的伦理学理论。这些伦理学原则是解决伦理问题的指南，为伦理问题的解决方法提供伦理辩护。

一、尊重原则

尊重人，意味着尊重他的自主性（自我决定权）、隐私权，也就意味着要贯彻知情同意、保密等。尊重人，也意味着尊重人及人类生命的尊严，人不能被无辜杀死、被伤害、被奴役、被剥削、被压迫。人具有主体性，不能被当作物，不能仅仅被当作一种工具或手段。讨论伦理学原则一定是从尊重原则开始，但是尊重原则并不凌驾于其他伦理学原则之上。

尊重原则的首要要求是尊重人的自主性。自主性也叫自我决定权，是一个人按照自己的意愿或选择，计划或安排其行动的理性能力。具有自主性的人能思考、选择、计划，也能据此安排行动。人的自主性受到内在和外在各种因素的制约。比如，未成年人、患重度阿尔茨海默病的老人的自主性受到内在的制约，监狱中的囚犯则受到外在的制约。需要注意的是，人的自主性并不是绝对的。比如，如果有人因处于被欺骗或被强迫的状况，失去理性而企图自杀，对这种行为当然要阻止。

尊重原则的一个重要体现是知情同意。为什么一定要知情同意呢？为了保护受试者，为了避免受试者被欺骗或强迫，为了促进受试者做出理性决策，为了尊重人的自主性，为了医务人员的自律。知情同意原则包含四个要素：信息的告知、信息的理解、自由的同意、同意的能力。《纽伦堡法典》明确规定："人类受试者的自愿同意是绝对必要的。"《民法典》规定："医务人员在诊疗活动中应当向患者说明病情和医疗措施。需要实施手术、特殊检查、特殊治疗的，医务人员应当及时向患者具体说明医疗风险、替代医疗方案等情况，并取得其明确同意；不能或者不宜向患者说明的，应当向患者的近亲属说明，并取得其明确同意。"

尊重原则的另一个重要体现是保密原则。保密原则在医患关系中非常重要，医生应该对患者病情及与此有关的个人信息保密，尊重患者的隐私。《希波克拉底誓言》中提及："凡我所见所闻，无论有无业务关系，我认为应守秘密者，我愿保守秘密。"保密原则体现了对患者的自主性的充分尊重，只有基于保密原则，患者才会把自己的全部情况如实告诉医生，医生才能履行其职责。当然，保密原则并不是绝对的。比如强制报告制度，我们在医患关系一节中具体论述。

二、不伤害原则

在生物医学中，伤害既包括身体伤害如疼痛、致残，也包括心理伤害如创伤后应激障碍和其他伤害如经济损失。不伤害原则与一句古老的拉丁语医学箴言关联在一起——Primum non nocere，英文表述为"Above all，do no harm"或"First，do no harm"［最重要的（或首要的）是不伤害］。《希波克拉底誓言》中提及："检束一切堕落及害人行为，我不得将危害药品给予他人，并不作此项之指导，虽然人请求亦必不与之。""检点吾身，不做各种害人及恶劣行为。"不伤害原则支持许多具体的道德原则：不杀害、不致痛、不致残、不冒犯、不剥夺他人生活必需品。

三、有利原则

伦理学原则要求我们不仅不伤害人，还要促进人的健康和福祉。有利原则比不伤害原则更广泛，有利是一种义务，是保障人的重要合法利益的义务。有利原则是由医学的道德本质所决定的，"医乃仁术"，医学研究是促进人类健康幸福的事业，因此有利原则是善待患者和临床试验受试者的重要原则。在医患关系中，有利原则有两个要求：第一是确有助益，即医生所采取的行动对患者确有助益；第二是权衡利害，医生在行动前应权衡利害，使患者能够得到最大可能的收益、最小可能的危害或风险。因此，医生要进行风险/受益比分析，尤其是在临床试验中。《希波克拉底誓言》中提及："我愿尽余之能力与判断力所及，遵守为病家谋利益之信条。""我之唯一目的，为病家谋幸福。"《备急千金要方·大医精诚》中医生对患者则是"一心赴救，无作功夫形迹之心"。《胡弗兰德医德十二箴》（*Hufeland's Twelve Advice on Medical Morality*）中写道："医生活着不是为了自己，而是为了别人，这是职业的性质决定的。"

有利原则是比较复杂的，比如：什么对患者/临床试验受试者有利？在患者生命末期痛苦难忍的时候，是延长寿命更重要，还是消除痛苦更重要？当对患者/临床试验受试者本人有利和对社会公益有利发生矛盾时应该如何选择？

不伤害原则与有利原则是不一样的。一般而言，不伤害原则是压倒有利原则的。比如，如果杀死一个死刑犯并摘取其器官，移植后就可救活其他人这个行为似乎对等待器官的人是有利的，但在道德上是不正当的。在临床实践中，不伤害原则和有利原则发生冲突是一大难题。比如在儿科重症监护病房工作的医务人员常常有矛盾心理，既希望挽救患儿生命，又担心复苏措施无效造成患儿痛苦，或者复苏有效但后续并发症可能影响患儿生活质量。儿科重症监护病房的患儿常缺乏自主权，且病情变化很快、身体素质的个体差异很大，同一个治疗措施可能对不同患儿的风险不同，临床决策时到底应该以患儿利益为主还是以家庭利益为主，医务人员常难以抉择。

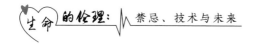

四、公正原则

公正原则是行为对象应受的行为原则，给予人应得的，不给予人不应得的。比如，甲曾经帮助过乙，在甲遇到困难的时候，乙尽力帮助甲，这时候，甲的付出有了对应的回报，这是甲"应得的"，也是公正的。因此，善有善报是公正的，恶有恶报也是公正的。如果甲并未帮助或利益过乙，在甲遇到困难的时候，乙尽力帮助甲，这时候，乙的行为是"应做的"，而非甲"应得的"。所以，公正就是平等的利害交换的行为，即等利交换与等害交换。如果一个人损害了别人和社会，并因为这个行为自己也受到了损害，今后他就不会轻易损害别人和社会了，因此，等害交换是公正的。那么不公正的一定是不道德的吗？不一定。故事或小说中，"恩将仇报"是不公正的，当然也是不道德的，但是比如宽以待人，用仁爱和宽恕对待别人曾经的恶行，这确乎是不公正的，但不仅是道德的，而且其道德境界更高。

公正包括分配公正、回报公正和程序公正。分配公正指受益和负担的分配是公正的；回报公正指付出和回报是公正的，类似于"来而不往非礼也"；程序公正则指建立的程序适用于所有人。其中分配公正受到的关注最多，尤其是医疗资源的分配。医疗资源常常是稀缺的，难以让每个人都满意，也就是说，人人享有所期望的卫生保健几乎是不可能达到的。健康权和医疗保健权是基本人权。根据"基本权利完全平等"的公正原则，对应医疗保健权利，则是人人享有初级卫生保健，这是人人都能得到的、社会和政府都能负担得起的卫生保健。因此，在基本卫生保健领域适用的是完全平等原则。而对于非基本卫生保健需求，则适用比例平等原则，根据生命质量、先来后到、支付能力、科学价值等多种因素来决定。

讨论与展望

1. 你在生活中遇到过与生命伦理学相关的事例吗？尝试找出事例中的生命伦理学观点。

2. 你怎么看待新兴技术的飞速进步？你担心新兴技术进步给人类带来潜在威胁吗？如果是，你觉得会有哪些威胁呢？

3. 你认为应该如何监管生命科学的探索和发展？

4. 你认为通过哪些措施可以保障公众的知情权？

5. 你对伦理学原则中的哪一条原则感触最深？为什么？

【案例】生命伦理学论证对输血感染艾滋病患者的帮助

大家都知道，人类免疫缺陷病毒（Human immunodeficiency virus，HIV）可以通过血液传播。多数人在感染 HIV 后有 3～6 周的"窗口期"，在此期间，人体仍在产生 HIV 抗体，但数量很少，因此 HIV 抗体检测结果为阴性。如果输注了"窗口期"的血，就可能被感染。除了HIV，乙肝病毒、丙肝病毒等都有"窗口期"。现在检测技术已经有了很大进步，国家卫生健康委员会 2019 年发布《血站技术操作规程》，明确规定必须采用核酸和血清学检测各检测一次。现在自体输血技术在非紧急的择期手术中用得较多，这是最安全的输血方法。

曾经有因为输血或使用血液制品而感染 HIV 的病例报道，这部分患者在精神和身体上备受煎熬，生活也因此陷入绝境。他们多次向法院起诉，但因为举证困难，问题无法得到解决。当时也并没有相关规定用来解决这个问题。于是，中国社会科学院的邱仁宗教授（也是我国生命

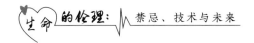

伦理学的开创者）提出，解决这一问题需要我们的一项道德律令：因为第一，这些受害者确实长期承受身体、精神和生活上的痛苦；第二，他们所受的伤害长期没有得到应有的补偿，这是社会的不公平。因此，邱仁宗教授厘清了"无过错""补偿"等概念，建议用"无过错"方式，即非诉讼方式解决此问题，并对这种方式进行了伦理论证。邱仁宗教授的观点是，过去重点放在惩罚有过错者，而现在应该更重视补救、弥补受害者的伤害，即从惩罚公正到修复公正。邱仁宗教授又通过中国红丝带北京论坛等平台，邀请政府各部代表和受害者代表，反复征求意见，一致认为合理、可行。此后，许多地方按照这个办法解决，受害者得到补偿，弥补了他们所受的伤害。

参考文献

[1] 邱仁宗. 生命伦理学 [M]. 增订版. 北京：中国人民大学出版社，2020.

[2] 邱仁宗. 理解生命伦理学 [J]. 中国医学伦理学，2015，28（3）：297-302.

[3] 蒋群，王莲芸，梁如冰. 上海交通大学生命伦理学课程的教学实践与探讨——以培养学生生命伦理意识为中心 [J/OL]. 高校生物学教学研究（电子版），2022，12（3）：3-7.

[4] 雷瑞鹏，邱仁宗. 人类头颅移植不可克服障碍：科学的、伦理学的和法律的层面 [J]. 中国医学伦理学，2018，31（5）：545-552.

[5] 何继武，刘爽，段鹏，等. 知情同意的医学伦理分析——以白内障手术为例 [J]. 医学与哲学，2021，42（20）：26-28，32.

[6] 陈俊庆，叶贤，徐红贞. 儿科护理中有益和不伤害原则冲突及对策探讨 [J]. 中国医学伦理学，2023，36（3）：293-297.

第二讲

医学哲学的反思

——生命、疾病与伦理价值

第一节 古今生命认知范式下的医学哲学

在当代人的常识里，生物学肩负对一般的生命现象进行机制解释和原理总结的责任。生理学作为其分支，主要研究人的生理活动及功能。医学作为一个与生物学交叉的学科，肩负着保持人的健康，或说让患者恢复到健康状态

生命、疾病与伦理价值

的责任，也理所当然要遵循体现在人身上的特定生命自然法则。除了越加为人所重视的心理疾病，对于躯体疾病，我们大多认为它具有客观性，因此医学学科与科学分享着某种价值中立属性。比如我们都不再认为有希波克拉底认为的神圣疾病的存在，或者患有麻风病是遭受了某种诅咒，我们开始相信疾病本身是一种自然现象，既与超自然的神圣存在无关，也与人间的善恶无关，因而是价值中立的。

当今哲学家也重新在认识论上聚焦医学与生命问题，因为在上述现代科学的语境下，相比古代而言，人们对医学与生命的认知范式改变极大，这彻底变革了人与自然关系的认知基础。同时，20 世纪分子生物学的创建与发展，极大地促进了医学的发展，也不可避免地带来一些破坏性的后果。

这是一个全然不同于古代的图景，为了了解这一差异，我们先把古代医学哲学图景略作展示，这个过程可以帮我们建立一个古今对照的坐标，让我们更清晰地意识到今天医学哲学的一些根本性问题。

对传统中医而言，以中国阴阳五行为基本范畴的自然哲学思考提供了医学哲学的实践原则。而在古希腊，医学哲学这一概念要比今天科学观主导下的医学哲学领域更为广阔，与医学所配适的自然哲学不仅容纳

了无机物理世界的基本原则，还有复杂度更高的哲学概念与生命研究相匹配，而医学的独立性更多地在于它运作原理的方式，以及其所处理的存在者模态，而非它与自然哲学共同揭示的基本原理本身。这些原理也延伸到其他的哲学分支，包括伦理学、政治哲学，由此而形成具有系统性特征的哲学学说。亚里士多德（Aristotle）和希波克拉底（Hippocrates）都较为明确地反对当时的机械论，机械论的代表是恩培多克勒（Empedocles）和德谟克利特（Democritus）。

《亚里士多德全集》让我们可以明白亚里士多德是如何思考医学的学科属性及其地位的。在知识层面上，医学所涉及的原理层级属于广义物理学，但其涉及的原理复杂度更高，这与人类生命体在自然物种中的地位相呼应。而在知识的运作模态上，医学则具有独特的相对自足性，这需要对亚里士多德思想中"科学"与"技术"的关系进行细致阐释才能辨明。在他的思想中，医学的自然哲学基础研究是一个配有完善形式性系统的因果解释理论，它既不是我们今天所谓的经验性的，也不是抽象数学化的。

他的这一思想迥异于柏拉图哲学，有研究者猜测这种迥异源于他的医学家庭出身，他的家庭与希波克拉底的家族正好代表了西方医学的两个不同起源，但在医学知识的所属地位的定位上，希波克拉底与亚里士多德别无二致。他们都把机械论占主导的原子论哲学家和医学家视作理论竞争对手，希波克拉底的医学哲学思想集中体现于《论古代医学》《论人的自然》等主题连续的文献。他的自然哲学研究的方法论是纯辩证式展开的，他既批评了伊奥里亚和爱奥利亚学派，又批评了原子论医学家的一元论和还原论的倾向。希波克拉底对他们的批判则结合了临床观察，临床概念对于他而言，既是经验和实证的，又是技术和实践的。这两个概念的区分和明确为狄乌斯·盖伦（Claudius Galenus）进一步将医学实践体系化、将三段论和数学引入医案反思开辟了道路，至今我们亦可在循证医学的发展中见到相关基础概念的保留。

从他们开始，医学哲学就诞生了一些恒久的话题：心脏中心与大脑中心之争、或然性与确定性、医学理论中的因果性与描述性、生命研究的定性与定量标准、医学哲学对健康与疾病的定义等。在这些问题上给出不同解决方案的尝试，推动了医学的发展和人类对生命体的认知。在古希腊，以亚里士多德和希波克拉底为代表的哲学家，将生命整体把握为"动态生命"，他们共享着与今天完全不同的自然哲学视野。

随着牛顿主义的确立，一个被科学史家称为"科学革命"的时代到来了，它极大地改变了古代的宇宙观，使得我们拥有了现代科学的视野。它的后果是使机械论在近现代自然科学领域取得全面胜利，这也必然导致研究生命体时出现还原论倾向，以至现代物理学家薛定谔（Erwin Schrödinger）宣称物理学和化学原则即为生命现象的基本原理。1970 年哲学界内部开始重新讨论医学的基础和生命本体的问题，这段漫长的论战持续到 1986 年，最后由佩莱格里尼（Edmund D. Pellegrino）以正面研究进行总结性回应，作为现代研究主题的医学哲学才正式确立。20 世纪 60 年代，美国医学哲学也有一次集中的发展。发展到当代，以吉尔·德勒兹（Gilles Deleuze）等人为代表的研究者针对哲学在医学研究中的应用进行了更为激进的探讨。他们与生物学哲学一道，在一定程度上抵抗着现代科学中的还原论倾向，更多地展现着医学实践领域所理解的生命的复杂性。

第二节　康吉莱姆和福柯的关切

康吉莱姆（Canguilhem）和他的学生福柯（Foucault）先后从不同的角度对医学本身的知识本体进行了追问。他们试图反思医学作为科学和技术交叉领域的特殊性，以此展现一种不同于机械论的、对生命的基本理解。

在康吉莱姆的《正常与病态》（*Le normal et le pathologique*）一书中，他追问了医学的起点：什么是健康？什么是疾病？同时要回答什么是生命？他开篇考察了作为辩证对立方的奥古斯特·孔德（Auguste Comte）和克劳德·贝尔纳（Claude Bernard）。孔德认为疾病就是对生命正常状态的偏离，因此必须要确立常态标准界定"健康"，我们才能以此标准来谈"恢复健康"及其介入方式。而贝尔纳则明确表明我们其实没有办法不考虑疾病而理解"健康"这一概念，如果我们把"健康"理解为生理机能的正常运行，就像通常把医学对象等同于生理学对象，并依赖生理学对象为自身基础。贝尔纳认为："我肯定没有首先要将生理学应用于医学的奢望……我对确实经常看见生理学在医学上的这种应用是很不理解的。"因为很多时候正是疾病的出现才带来对身体机能理解的进步，机能的丧失才让我们理解到它的存在。比如人们对脑区功能的研究，由始至终伴随着对病理的研究，法国的实验生理学家弗卢朗对动物进行脑损毁实验后才提出了大脑功能及空间分布观念，1848年，著名的盖奇病例遭受严重脑损伤幸存之后改变了性格和行为模式，这一现象推动了脑科学的极大发展。因此伯纳德提出的概念更像一种通过"疾病"来拟构理想健康状况的方案。

在康吉莱姆之后，20 世纪 70 年代生物学医学哲学兴起，布尔斯（Boorse）、基切尔（Kitcher）等人关注"健康"与"疾病"概念的重新界定，反对还原论，形成了自然主义（Naturalism）与建构主义（Constructivism）的表述。这些努力并没有一劳永逸地界定出可以数学化的、静态的、作为医学对象的生命本体的概念，却让我们越加意识到生命现象的复杂性和无法以经典物理学的方式对之进行探究，也越加清楚我们对生命进行描述的概念及话语本身就是最为特殊的一类生命现象，并且也反过来影响着生命的表现。这就是为何关于生命科学的研究在根本上无法是价值中立的原因，因为它天然带有人类理解生命本身的强自我指涉性和介入性。人们生活的地域、气候及历史文化不同，据此获得的生存经验反过来塑造着生命本身。

福柯在《临床医学的诞生》（*Naissance de la clinique*）一书中对以临床为核心的现代医学诞生的认知话语条件与社会史进行考察，他揭示了常识所理解的医学的特定研究对象——"健康"，这不是一个不言自明的概念，而是被一系列权力话语、价值系统缠绕，不是一个单纯的自然科学的对象。具体来说，比如，人们对疾病的恐惧并非能够单纯地以自然科学的方式得到所谓的消除，不同生命文化和社会对这种恐惧的不同处理，深刻地影响着人们对待同伴疾病的态度。苏珊·桑塔格（Susan Sontag）在《疾病的隐喻》（*Illness as Metaphor*）一书中细腻地揭示了结核病、艾滋病、癌症等疾病如何在特定社会的演绎中一步步隐喻化，从仅仅是身体的一种疾病，转换成了一种道德批判。

即便只是身体的一种疾病，在一个公共空间评估患者时也无法避免产生一种生命价值"贬损"的评估结果。比如在劳动用工招聘中，对于某些慢性疾病几乎共识性地形成了"歧视"，经济角度的权衡与社会公平间的张力始终存在。我们也就不难理解，合理处理类似的每一个个

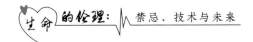

案，就成为当代伦理学天然的任务：超越学科的疆界，把生命视作永远寻求极限的自适性整体加以思考，建构对待生命的理性原则。

第三节 实例分析

一、人类增强术

徐向东在其论文中提出，增强（Enhancement）被理解为一种与治疗（Therapy）相对立的干预。而"人类增强"指的是，与正常健康状况相比，在没有因疾病或病态而需要治疗的情况下，通过基因技术、生物医学或药物方面的手段来改进人的倾向（Dispositions）、能力（Capacities）和福祉（Well－being）……生物医学技术可以被理解为一系列旨在处理有生命的事物（包括人类自身）的技术，其发展得益于两件事情：第一，科学研究揭示了大脑的功能性物质基础与人的身体机能和精神能力之间的重要联系；第二，新技术的发展使得利用生物医疗手段干预人类身体机能和精神能力在技术上变得可能。

1904 年在美国圣路易斯举行的第三届奥运会中，美国马拉松运动员托马斯·希克斯（Thomas John Hicks）被发现服用含有士的宁的生鸡蛋，依靠这种短期提高机体兴奋度的食物，希克斯获得了比赛的胜利。这被视作奥运史上第一例运动员服用兴奋剂的案例。

《反对在体育运动中使用兴奋剂国际公约》于 2007 年 2 月 1 日生效。在制定和生效速度方面，这是联合国教育、科学及文化组织（教科文组织）历史上最为成功的一份国际公约。理由是兴奋剂的介入伤害运动员、破坏公平竞赛与竞争、给体育运动的信誉带来不可弥补的损害。使用兴奋剂不仅给相关运动员或体育运动本身带来伤害，也破坏了体育运动内在的价值观。

这个约定俗成的案例显示人们承认一种人与人之间的先天差异的存在，这是某种"自然彩票"的结果，而我们要追求的社会正义是尽可能消除这种差别对人们生活所产生的影响，尤其要注重这一差异中比较弱势一方的权益，保证人们相对公平地获得他在社会中的某种"应得"或"配得"，这才能够体现社会正义。

如果我们同意以上对社会正义的基本理解，那么我们如何评价现在正在发展的脑机接口技术？脑机接口技术就是一种在脑与外部设备之间建立通信和控制通道，用脑的生物电信号直接操控外部设备，或以外部刺激调控脑的活动，从而增强、改善和延伸大脑功能的技术。具体的应用场景除了让瘫痪患者可能重获运动可能，还包括更为极端地对人的智力进行提升的可能。英国《每日电讯报》（*The Daily Telegraph*）2021年2月报道，Neuralink 公司把一块微芯片植入了猴子的大脑，这样它就能靠自己的意念玩电子游戏。这家公司称，自己的目标是最终治疗大脑疾病，甚至允许人类与人工智能融合。

这一做法实质上比兴奋剂走得更远，它变更了人们既定接受的"自然彩票"带来的人与人之间的差异的认知前提，让我们必须重新思考社会正义。如果我们把它的全面发展接受为必然，我们只能去讨论在这个技术的发展进程中，如何避免先使用人群对于未使用人群的相对优势造成的不平等。如果我们还能够讨论对这个技术的发展进行限制，那么限制的原则建立的依据是什么呢？对此的讨论很多，有些学者，如尤尔根·哈贝马斯（Jürgen Habermas）等，他们认为应当以这一技术是否影响了人的主体自主性（一个和自由密切相关的概念）为底线；有些

学者认为底线应当更高一些，应当限定在先天赋予的人的本质有限性上，不应当修改先天赋予条件，这种看法是实质上对"自然彩票"的辩护。

上述哈贝马斯等人的看法似乎界限过于宽泛，而另一种看法不免会引入风俗和宗教信仰等不同于科学认知的信条。我们在这里提供另一种思路，让我们回到这一门技术作为医学治疗技术的案例来理解：如果脑机接口技术能让患者重建感知运动能力，而且其副作用小于施术带来的利好，那么相应的技术干预就应该是在现行医学伦理原则上可接受的。这一做法建立的基础诉求不是泛泛而谈的人类向好的欲望或自由权利，而是摆脱痛苦的欲望、对生命消极面进行弥补的努力。那么，将此原则用于推广应对人类增强术（包括脑机接口技术）的社会伦理原则时，我们或许就可以说，该技术所应用的特定人群应当是在这个技术所能进行弥补的方面确有缺失，并因此造成痛苦的那部分特定人群。也就是说，这一技术，乃至类似技术的发展，都应当视作帮助生命摆脱因缺失而造成痛苦的处境的支撑性技术。

当然这一问题在当今的医学伦理学研究中仍属开放性问题，还有待更深入地论证和讨论，我们当然也可以对上述不同看法进行进一步论证完善。重要的是，从人类增强术的发展实例中，我们再次看到了在医学这个交集区域中，科学理论、技术和实践与社会价值全方位互动的图景。

二、缓和疗法

缓和疗法（Palliative care）又称姑息疗法，世界卫生组织（World Health Organization，WHO）对它的界定是："缓和医疗是一种提供给患有危及生命疾病的患者和家庭的，旨在提高他们的生活质量及面对危机能力的系统方法。通过对痛苦和疼痛的早期识别，以严谨的评估和有效管理，满足患者及家庭的所有（包括心理和精神）需求。"其内容包含9个方面：提供缓解一切疼痛和痛苦的办法；将死亡视为生命的自然过程；既不加速也不延缓死亡；综合照顾患者的心理和精神需求；用系统方法帮助患者过尽量优质的生活，直至去世；用系统方法帮助患者及家庭应对面临死亡的危机；以专家协作的团队满足患者及家属需求，包括丧亲辅导；提升存活质量，积极影响疾病过程；有时也适用于疾病早期，与其他疗法如化疗或放疗共同使用，以达到延长生命的目的。

缓和疗法的中文译法很多，如缓和医疗、舒缓医疗、安宁疗护、宁养照顾、姑息治疗等。这一译法的多样性不是偶然的，因为这一系统性方案针对的是危、重症患者，对这一方案的决定权很多时候落在监护人身上，所以翻译的措辞会直接影响决策者的情感。译法上的犹豫显示的正是人们对如何去提出这一方案所面临的困境。

不止在译法上有这样的犹豫，在工作内容上也有人有时将它混同于临终关怀（Hospice），因为两个词汇所指的工作内容确实存在着一些重叠。但近年来随着学科发展，缓和医疗牵涉越来越多的学术、法律和保险支付等问题，故而明确两者之别日益被大家重视。一般认为，缓和疗法和临终关怀的区分在于临床预期的生命存续时长，缓和疗法可在疾病确诊的先期阶段，与以治愈疾病、延长生命为目的治疗同时进行。临终关怀则只针对生命不会超过六个月的末期患者。

其中最有争议的部分发生在上述工作内容的"既不加速也不延缓死亡"。在"不延缓死亡"的指导原则下，对危、重症患者不再做有创性的气管切开、心肺复苏等救治介入。这样的做法很可能被视作"放弃治疗"，而与人们对救护生命健康的愿望与要求相冲突。例如，我国的医学生誓言"健康所系，性命相托。当我步入神圣医学学府的时刻，谨庄严宣誓：我志愿献身医学，热爱祖国，忠于人民，恪守医德，尊师守纪，刻苦钻研，孜孜不倦，精益求精，全面发展。我决心竭尽全力除人类之病痛，助健康之完美，维护医术的圣洁和荣誉，救死扶伤，不辞艰辛，执着追求，为祖国医药卫生事业的发展和人类身心健康奋斗终身"。这一誓言中有"竭尽全力除人类之病痛，助健康之完美"的表述，在人道主义危机中，一般被等价于"尽一切可能对生命进行救治"。再加上传统中国的孝道文化，即便老人在久病难顾的最后一刻，一般舆论也会认为"不救即不孝"，这使得缓和疗法的家属认可环节推行困难。

一般而言，上述的困难可以止步于"无效治疗"这个概念，也就是说，只要可知医学介入无法起到救治作用的时候，我们的救治工作也就自然可以停止。但是，当在医学介入技术发展的时候，对于"无效治疗"的概念，即便最有经验的临床医生也难以把握。比如体外膜肺氧合器（Extra-corporeal membrane oxygenation，ECMO），这是一种体外维生系统，经常被当作抢救生命时最后一个"救命神器"，它是血液帮辅装置（人工心脏）及体外氧合器（人工肺脏）的组合，可以短暂取代心脏和肺脏功能。在炎症风暴的攻击下，能为患者争取到宝贵的控制病情恶化的时间。但是，它的副作用也显而易见，包括血液方面的风险，如可能发生凝固、感染，施术后创伤可致截肢的风险，给患者带来极大的痛苦。在经济方面，ECMO 的费用也不便宜，对很多家庭而言是难以承担的。是否介入，介入之后是否构成无效医疗也是医学界讨论很多的一个议题。

所以缓和疗法的决策关键在于如何界定治疗的有效性，以及如何看待死亡本身。这两个概念有密切相关，如果把死亡现象看作生命全程的一个部分，那么治疗的有效性就可以停止在我们认为一个生命步入死亡进程的那个分界点上；如果死亡是一个外在于生命现象的异质性现象，那么治疗的有效性就是以生命活跃的界定为边界。无论哪一种理解都会引发一系列的问题，但这个问题解决的方向无疑让我们再次看到，在医学实践中人类是如何不断拾起对生命本质的思考的。在这个视域中对生命的思考，也就无法是一种纯粹以理化原理为基础进行还原可得的，因为这一概念支撑的是带有意志表达的生命选择，这也就必然是人类价值建构的基础性思考。

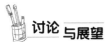 讨论与展望

1. 健康和疾病的判断是完全客观的吗？它与社会价值的关系是什么？

2. 生命本身是理性的吗？以生命为对象的医学活动，其开展的社会原则依靠什么来建立？

3. 除了人的理性、情感，还有什么生命表达应该在医学中被考虑？

参考文献

[1] 洛伊斯·N. 玛格纳. 医学史 [M]. 2 版. 刘学泽，主译. 上海：上海人民出版社，2017.

[2] 乔治·康吉莱姆. 正常与病态 [M]. 李春，译. 西安：西北大学出版社，2015.

[3] 米歇尔·福柯. 临床医学的诞生 [M]. 刘北成，译. 南京：译林出版社，2022.

[4] 徐向东. 人类增强技术的伦理审视 [J]. 哲学分析，2019，10 (5)：3-29.

[5] SAUNDERS J. The practice of clinical medicine as an art and as a science [J]. Medical Humanities，2000，26 (1)：18-22.

第三讲

尊重与信任

——医德与医患关系

第一节 医德

一、西方医德

医德的历史

1. 希波克拉底

希波克拉底（Hippocrates，公元前460年至公元前370年）是一位古希腊医生，也是西方医学的奠基人。著名的《希波克拉底誓言》（见文后案例1）是许多医学生入学的第一课。尽管没有明确证据证实这个誓言是希波克拉底撰写的，但这个誓言不仅在医学界影响深远，也被其他不少领域如法律界、金融界等借用为行业道德要求。

《希波克拉底誓言》反映了西方古典医德的三条核心原则。

第一条是"为患者利益原则"，《希波克拉底誓言》中陈述为："我愿尽余之能力与判断力所及，遵守为病家谋利益之信条。"

第二条是"不伤害原则"，《希波克拉底誓言》中陈述为："并检束一切堕落及害人行为，我不得将危害药品给予他人，并不作此项之指导，虽然人请求亦必不与之。""无论至于何处，遇男或女，贵人及奴婢，我之唯一目的，为病家谋幸福，并检点吾身，不做各种害人及恶劣行为，尤不做诱奸之事。"

第三条是"保密原则"，《希波克拉底誓言》中陈述为："凡我所见所闻，无论有无业务关系，我认为应守秘密者，我愿保守秘密。"

2. 胡弗兰德

德国医生胡弗兰德（Christoph Wilhelm Hufeland）在19世纪初撰

写了《胡弗兰德医德十二箴》，是医学道德的经典文献之一。主要内容包括：立志于医，仁爱救人，医生不应追求个人利益或名誉，而要用忘我的工作精神救治患者。同情患者，全力救治，面对患者时仅仅应该考虑的是患者的病情，而非其地位或财富。精勤不倦，提高医术，切不可口若悬河或故弄玄虚，一次谨慎仔细的查房远胜于多次粗疏马虎的检查。尊重同道，谦和谨慎，每位医生都有自己的特点和方法，不宜草率判断，应尊重前辈，爱护后进，发扬其他医生的长处。

3. 托马斯·帕茨瓦尔

18世纪的英国医生托马斯·帕茨瓦尔（Thomas Percival）撰写了影响深远的《医学伦理学》（*Medical Ethics*），首次提出了医学伦理学的概念，将医学伦理从道德自律层面上升为职业规范层面。《医学伦理学》被认为是现代医学伦理规范的第一本著作，是医学伦理学诞生的标志。

1789年曼彻斯特皇家医院出现医生间的纷争，于是院方委托帕茨瓦尔写一本行为规范，以解决医院里来自不同学术背景的医生之间的分歧。《医学伦理学》于1803年正式出版，全称为《医学伦理学：或适用于外科医生和内科医生的职业行为的机构准则和箴言》（*Medical Ethics：or，A Code of Institutes and Precepts，Adapted to the Professional Conduct of Physicians and Surgeons*），主体部分包括以下四章：医院或其他慈善机构中的职业行为、私人或公开执业中的职业行为、内科医生对待药剂师的行为、涉及法律知识的案例中的职业职责。本书涵盖了医生的临床道德义务，如维护医院秩序和医学尊严的义务等；关注了医学同业之间的伦理问题；也涉及很多具体问题的解决办法，如会诊、收费、保密的注意事项等。

帕茨瓦尔的伦理思想具有一个突出特征，即医学人道主义立场，对后世影响极大。美国医学会于 1847 年起草第一部医学伦理规范时，就以这本书为主要参考，并给予极高评价，认为这本书是"继希波克拉底之后西方医学伦理学历史上最重要的贡献"。

二、中国医德

1. 中国传统医德

医德是中华民族传统美德之一。《黄帝内经》中即有对医德的论述，称医学为"圣人之术"，医生必须珍视人的生命，"天覆地载，万物悉备，莫贵于人"，且医生应具备医德——"济群生"。

东汉张仲景被尊为"医圣"。其所著的《伤寒杂病论》也被称为"方书之祖"，被学术界誉为讲究辨证论治而又自成一家的极具影响的临床经典著作。他在这本书中提出医生应"精研方术""知人爱人"。同时，张仲景提出"人之所病，疾病多；而医之所病，病道少"的要求，并提倡终身学习，孔子曰："生而知之者上，学则亚之，多闻博识，知之次也。余宿尚方术，请事斯语。"

唐代孙思邈被尊为"药王"，他全面阐述了医德原则和医德规范，在其所著的《备急千金要方》中提出"大医精诚"，这是我国古代医学伦理思想形成的重要标志。"大医精诚"论述了有关医德的两个要点，即"德术并重"的医德观：精，即要求医者要有精湛的医术，认为医道是"至精至微之事"，习医之人必须"博极医源，精勤不倦"。诚，即要求医者要有高尚的品德修养，以"见彼苦恼，若己有之"的同理心，策发"大慈恻隐之心"，进而发愿立誓"普救含灵之苦"，不得"自逞俊媸，怨亲善友，华夷愚智"，皆一视同仁。尤其是不应一心求财，"所以医人不得持己所长，专心经略财物，但作救苦之心"。其书取名《备急千金要方》，是因为"人命至重，有贵千金，一方济之，德逾于此"，孙思邈强调"凡大医治病者，当安神定志，无欲无求"。

2. 近代医学伦理学的发展

1926 年《中国医学》刊登了中华医学会制定的《医学伦理法典》，明确规定"医生的职责应是实行人道主义，而非谋取经济利益"。

宋国宾主编的《医业伦理学》于 1932 年出版，表明传统的医德学进入近代医学伦理学阶段。

加拿大共产主义战士白求恩 1938 年来到中国，奔赴条件艰苦的晋察冀抗日前线，一直在那里工作了六百多个日日夜夜，直至因为败血症牺牲于河北省唐县黄石口村。毛主席为他写了挽词，并撰写了影响深远的文章《纪念白求恩》，要求共产党员学习白求恩的国际主义和共产主义精神，学习他"毫不利己专门利人"的精神，学习他"毫无自私自利之心"的精神，学习他"对工作的极端的负责任"与"对同志对人民的极端的热忱"。1941 年，毛主席为中国医科大学毕业生题词"救死扶伤，实行革命的人道主义"，奠定了新中国成立后医德建设的方向。

3. 新中国的医德建设

新中国成立以来，我国一直十分重视医德建设，发布了一系列规章制度及相关指南，实施了诸多措施，以确保医德建设的持续发展。广大医务工作者心中确立起救死扶伤、实行革命的人道主义、全心全意为人民服务的医德原则。全国第一届医德学术研讨会于 1981 年在上海举行，明确提出我国的"社会主义医德基本原则"，内容表述为"防病治病，救死扶伤，实行革命的人道主义，全心全意为人民服务"。20 世纪 80

年代中期进一步完善，表述为"防病治病，救死扶伤，实行社会主义医学人道主义，全心全意为人民身心健康服务"。2016 年召开的全国卫生与健康大会，倡导广大卫生与健康工作者弘扬"敬佑生命、救死扶伤、甘于奉献、大爱无疆"的精神。

三、医德、医学伦理学和生命伦理学

医德是医学伦理学的最初形式，不管是西方传统医德还是我国传统医德，都属于这一阶段。医学伦理学作为实践伦理学，当然重视医德规范的研究和确定，也重视医德的基本实践，即通过医德教育、医德培养、医德修养、医德评价等，在医务人员身上实现医德。

医学伦理学与生命伦理学有共同的学科"基因"——哲学伦理学，且都是伦理学的三级学科。医学伦理学的研究对象是医疗卫生领域中的道德现象及其发展规律。生命伦理学则处于伦理学与科学技术、医学的交集处，研究医学研究、实践、公共卫生，以及新兴生物技术创新、开发、应用中的伦理问题。医学伦理学和生命伦理学虽然有共同的伦理原理和伦理原则，却有不同的实施方法和路径，它们有交集，但侧重不同。

第二节　医患关系

一、医患关系概述

医患关系有"狭义"和"广义"之分。狭义的医患关系特指医生与

患者之间的关系，广义的医患关系则包括以医生为中心的群体（包括护士、检验师、药剂师、医疗管理人员、后勤服务人员等）和以患者为中心的群体（包括患者家属、监护人、代理人等）在临床医学实践中建立的关系。需要注意的是，此处的"患"不仅包括有某种疾病的患者，还包括广义的去医疗机构的求医者，比如去体检的健康人。

医患关系有其特殊性，目前关于医患关系的性质存在诸多观点，不同学者主张医患关系是法律关系、经济关系、文化关系、伦理关系等。但这些观点都不全面，医患关系的本质可以认为是一种信托关系。由于医生和患者在知识和能力上存在不对称性，患者相对处于脆弱和依赖地位。基于对医生及医疗机构的充分信任，患者把自己的生命和健康交托给医生及医疗机构，向医生暴露自己的身体、心灵、家庭、社会等私人信息，促成医生努力维护患者健康。同时，双方在人格上是完全平等的关系。但医患关系又不是普通的信托关系，信托的客体不是财产而是生命和健康，在医生对患者的生命健康进行管理时，必须经过患者的知情同意，但也不能确保一定达到患者意愿。

正因为是信托关系，医患关系又不对称，医生有特殊义务和责任，医生应将患者最佳利益置于首位，富有同情心，及时回应患者。医患关系的不对称也使医生利用患者的脆弱性为自己牟利成为可能，因此医生必须"克己"。

根据《中华人民共和国医师法》，每年 8 月 19 日为中国医师节，医师在执业活动中履行以下义务：

（1）树立敬业精神，恪守职业道德，履行医师职责，尽职尽责救治患者，执行疫情防控等公共卫生措施。

（2）遵循临床诊疗指南，遵守临床技术操作规范和医学伦理规范等。

（3）尊重、关心、爱护患者，依法保护患者隐私和个人信息。

（4）努力钻研业务，更新知识，提高医学专业技术能力和水平，提升医疗卫生服务质量。

（5）宣传推广与岗位相适应的健康科普知识，对患者及公众进行健康教育和健康指导。

（6）法律、法规规定的其他义务。

当然，医师在执业活动中享有下列权利：

（1）在注册的执业范围内，按照有关规范进行医学诊查、疾病调查、医学处置，出具相应的医学证明文件，选择合理的医疗、预防、保健方案。

（2）获取劳动报酬，享受国家规定的福利待遇，按照规定参加社会保险并享受相应待遇。

（3）获得符合国家规定标准的执业基本条件和职业防护装备。

（4）从事医学教育、研究、学术交流。

（5）参加专业培训，接受继续医学教育。

（6）对所在医疗卫生机构和卫生健康主管部门的工作提出意见和建议，依法参与所在机构的民主管理。

（7）法律、法规规定的其他权利。

患者在医患关系中也有权利和对应的义务。患者在就医期间拥有的权利主要包括基本医疗权、知情同意权、隐私保护权、经济索赔权、医疗监督权和社会免责权。患者也应履行自己的义务，主要是保持和增进自身健康的义务、配合诊疗的义务、遵守医疗机构规章制度的义务、尊重医务人员及其劳动的义务、支付医疗费用的义务。

因此，医患双方的权利和义务是多方面的，良好医患关系的维系需要医患双方履行各自的义务，且正确行使权利。权利和义务之间的关系是和谐医患关系的重要一环。在以上医生和患者的权利和义务中，既有法律、道德权利，也有法律、道德义务。法律权利和法律义务是互为条件的，是一致的；但道德权利和道德义务不是必然一致的，履行道德义务不一定必须以行使道德权利为前提。比如，医生抢救路边突发疾病的患者，不能以收取挂号费为前提。在某些情况下，不同主体的权利和义务可能产生冲突或矛盾，这就更考验智慧了。

二、医患关系中的热点伦理问题

1. 保密原则

《希波克拉底誓言》中就有保密原则相关陈述，"凡我所见所闻，无论有无业务关系，我认为应守秘密者，我愿保守秘密"。可见，保密是医生的义务。《中华人民共和国医师法》中规定，医师应"依法保护患者隐私和个人信息"。《医疗机构从业人员行为规范》中也规定，医疗机构从业人员应"尊重患者的知情同意权和隐私权，为患者保守医疗秘密和健康隐私，维护患者合法权益"。

保密原则看似非常简单直白，但实际上并非如此。比如，社会上确实存在着针对某些性传播疾病（如艾滋病）的污名化现象。《艾滋病防治条例》明确规定，未经本人或者其监护人同意，任何单位或者个人不得公开艾滋病病毒感染者、艾滋病患者及其家属的姓名、住址、工作单位、肖像、病史资料以及其他可能推断出其具体身份的信息。那么，艾滋病病毒感染者和艾滋病患者又有什么义务呢？《艾滋病防治条例》第三十八条中规定，艾滋病病毒感染者和艾滋病患者应当履行下列义务：接受疾病预防控制机构或者出入境检验检疫机构的流行病学调查和指导；将感染或者发病的事实及时告知与其有性关系者；就医时，将感染或者发病的事实如实告知接诊医生；采取必要的防护措施，防止感染他人。回到医患关系的主题，如果在婚检中发现某人患艾滋病，且明确拒绝向其配偶告知，医生应该怎么做？

2021 年新修订的《云南省艾滋病防治条例》第二十条规定，感染者和患者应当将感染艾滋病的事实及时告知其配偶或性伴侣，本人不告知的，医疗卫生机构有权告知。此规定出台的背景是近年来性传播已成为云南省艾滋病传播的主要途径，2020 年 1 月至 10 月云南省检测发现的艾滋病病毒感染者中，性传播占 97.5%。该条例的出台是为了切断这一重要传播途径。此外，单独告知艾滋病患者配偶或其性伴侣，和"公开"不能画等号。此次修订的条例赋予医疗机构更大权限，也让医疗机构承担了更大的责任。如何告知、如何服务、如何在此背景下构建和谐医患关系，都是需要思考和探索的。

心理咨询和治疗中也可能遇到相关问题。著名的"塔拉索夫案"（见文后案例 2）改变了心理咨询的历史。《塔拉索夫法则》规定，心理医生在得知自己的患者有危害他人生命安全的意图时，有将实情告知警方和受威胁人的义务，以及采取一切可能的措施保护受威胁人的义务。这是对心理治疗和咨询中保密原则的突破，一时间在美国引起巨大的争论。强迫心理医生背弃患者的信任，对医患关系会产生什么样的影响呢？会影响治疗效果吗？

《上海市精神卫生条例》规定，发现接受咨询者有伤害自身或者危害他人安全倾向的，应当采取必要的安全措施，防止意外事件发生，并及时通知其近亲属。如果大家还想了解更多保密以外的伦理守则，请查阅《中国心理学会临床与咨询心理学工作伦理守则》，里面有详细的规定和指引。

如果医疗机构或心理咨询机构发现未成年人等不具备完全民事行为能力的人受到性侵犯或虐待，医生需要通知的监护人或近亲属有没有可能就是侵害人呢？医生遇此情况该怎么办呢？强制报告制度的出台让此情境有法可依。2020 年 5 月，最高人民检察院与国家监委、教育部、公安部、民政部、司法部、国家卫健委、共青团中央、全国妇联会印发了《关于建立侵害未成年人案件强制报告制度的意见（试行）》（以下简称"强制报告制度"）。2021 年 6 月，"强制报告制度"被修订实施的《中华人民共和国未成年人保护法》吸收，上升为法律规定。自此我国未成年人的身心又多了一重有力保障。"强制报告制度"提出，国家机关、法律法规授权行使公权力的各类组织及法律规定的公职人员，密切接触未成年人行业的各类组织及其从业人员，在工作中发现未成年人遭受或者疑似遭受不法侵害以及面临不法侵害危险的，应当立即向公安机关报案或举报。印发"强制报告制度"，目的是确保及时干预、严厉惩治，有效预防侵害未成年人犯罪。未成年人遭受或者疑似遭受不法侵害以及面临不法侵害危险的情况需要报告，具体包括：未成年人隐私部位遭受非正常损伤的，遭受或疑似遭受性侵害、怀孕、流产的，受到家庭暴力、欺凌、虐待、殴打的，被遗弃或长期处于无人照料状态的，被组织乞讨的。"强制报告制度"施行后，某医生发现一名 6 岁女童伤情复杂，疑似遭到家暴，就与志愿者沟通，及时向检察机关报备。检察机关在办案过程中不仅找到证据，使侵害人被批捕，同时检察机关也非常注意未成年人隐私保护，且实行"一站式"询问制度，同步开展心理疏导和保护救助。

2. 说实话

当患者的疾病或创伤非常严重的时候，医生是否应该向患者本人及其家属说实话呢？如果应该，那么实话应达到什么程度呢？关于医疗中的说实话，有三种不同观点。

第一种是"家长式观点"。"坏消息"可以告诉患者家属，但不应告诉患者本人。每个与患者接触的人都应尽可能使其愉快，避免透露"坏消息"。持这种观点的人认为，大部分患者并未接受过医学教育，即使医生详细告知所有操作细节信息，患者也无法完全理解医生告知的内容，因此患者无需了解太多。而且"坏消息"或者过多的操作细节信息可能损害患者的生存意志或精神状态，甚至可能是对患者的"惊吓"，反而对病情不利。而且每种操作都可能有风险，如果风险发生概率极低，患者受到的"惊吓"似乎没有什么意义。患者本人甚至其家属未必想了解并面对冷冰冰的实情。如果"坏消息"无可改变，患者不如愉快度过最后一段时光。

第二种是主张患者知情的观点。即使是"坏消息"，但毕竟是关系患者本人身体和生命的，患者有知情权。患者很可能需要处理一些"未竟之事"，如见某个人、完成一直以来的心愿、留下遗嘱等，这都是以了解实情为前提的。患者的心理素质并不像医生想象的那么差，也许他们希望自己直面现实，做好规划，而不是被隐瞒。有的患者可能认为被隐瞒是一种不尊重，甚至是伤害。如果患者了解某一操作很可能会有风险，那么他可能会对这种风险做好心理准备，当它真的出现时，患者可能会更好地接受和应对。

第三种观点则介于第一种和第二种之间，认为医生应该向患者告知适宜的信息，一切以患者为主。让患者做主导，让患者确定自己想要的信息。但是这种观点对医生具体操作提出了较高的要求。医生要仔细聆听，了解患者的问题或心结，不回避患者追问，不使用患者听不懂的专业术语，告知患者实情时态度要温和，不能简单粗暴或冷漠无情。

3. 医疗决策究竟该听谁的？

医生拥有医学专业知识和技能，20 世纪 70 年代以前，医疗决策一般是托付给医生的，医生在医患关系中占据绝对的主导位置，患者则被当作医疗实践中纯粹的消费者，由此也衍生出说实话中的"家长式观点"。这种认识是现代医学发展的主流模式，但逐渐受到挑战，并逐渐向以患者为中心的治疗理念转变。

1975 年发生了昆兰案，昆兰夫妇的女儿卡伦·安·昆兰（Karen Ann Quinlan）（以下简称昆兰）在饮酒后服用镇静剂，从楼梯上摔下来陷入昏迷，只能借呼吸机维持生命，被医生判断为不可能苏醒。昆兰夫妇出于信仰要求移除昆兰的呼吸机，但被医生拒绝。于是他们将医生告上法庭，并最终胜诉。法庭判定，医院应尊重昆兰夫妇对昆兰的医疗决策。这是第一例患者家属在医疗决策权上与医生有分歧并诉诸法律的事件，患者赋权运动由此开始。患者希望在医患关系中占据主动权，希望参与甚至主导医疗决策。但随之而来的就是另外一个问题，医疗实践中每一个操作或者决策都需要让患者书面"知情同意"，告知文件越来越复杂繁多，医生在被患者询问的时候，很可能只能说"我没办法替你做决定"。但是显然，即使医生给患者提供了所有必需的信息，患者也很难为自己做出最好的医疗决策。

以患者为中心的治疗理念和患者赋权是两个不同而又相互联系的概念，对医患关系都非常重要。医生和医疗机构如果能提高患者在医疗实践中的参与度和主动性，激发患者潜能，鼓励患者主动学习相关医学知识，主动采取健康生活方式，配合诊疗，和医生一起规划医疗保健活动，就能进一步提高治疗效果。

和谐的医患关系与我们每个人都息息相关。作为医生，我们要记得自己面对的不是疾病，是活生生的人，有血有肉的人，会痛、会伤心、会快乐、会激动的人；作为患者，我们也要记得，我们面对的医生虽然有专业知识和经验、有救死扶伤的职业理想，但也是活生生的人，有血有肉的人，会痛、会伤心、会快乐、会激动的人。尊重和信任在医患关系中很重要，如果放任医患关系滑坡，受损的将是我们每一个人。

 **讨论** 与展望

1. 你认为哪些办法有助于改善医患关系？你可以为构建和谐医患关系做些什么？

2. 你赞同"塔拉索夫法则"吗？为什么？你觉得此种情境下，保密原则应如何遵循？

3. 关于医患关系中的说实话观点，你同意哪一种观点？为什么？

4. 你认为患者在医患关系中应该发挥什么样的作用？

【案例1】希波克拉底誓言

医神阿波罗，阿斯克勒庇俄斯及天地诸神为证，鄙人敬谨宣誓，愿以自身能判断力所及，遵守此约。凡授我艺者敬之如父母，作为终身同世伴侣，彼有急需我接济之。视彼儿女，犹我弟兄，如欲受业，当免费并无条件传授之。凡我所知无论口授书传俱传之吾子、吾师之子及发誓遵守此约之生徒，此外不传与他人。

我愿尽余之能力与判断力所及，遵守为病家谋利益之信条，并检束一切堕落及害人行为，我不得将危害药品给予他人，并不作此项之指导，虽然人请求亦必不与之。尤不为妇人施堕胎手术。我愿以此纯洁与神圣之精神终身执行我职务。凡患结石者，我不施手术，此则有待于专

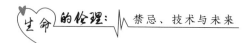

家为之。

无论至于何处，遇男或女，贵人及奴婢，我之唯一目的，为病家谋幸福，并检点吾身，不做各种害人及恶劣行为，尤不做诱奸之事。凡我所见所闻，无论有无业务关系，我认为应守秘密者，我愿保守秘密。倘使我严守上述誓言时，请求神祇让我生命与医术能得无上光荣，我苟违誓，天地鬼神共殛之。

【案例2】改变了心理咨询历史的塔拉索夫（Tarasoff）案

心理咨询中有一个"保密原则"：心理医生有责任对来访者的谈话内容和隐私予以保护，这是对来访者人格和隐私的尊重，也是心理医生基本的职业道德。但是，保密原则在什么情况下会被打破呢？1969年的塔拉索夫案，改写了心理咨询的历史。

改变了心理
咨询历史的
Tarasoff案

1969年1月1日，留学生波达尔（Poddar）与白人女学生塔蒂阿娜·塔拉索夫（Tatiana Tarasoff）在加利福尼亚大学伯克利分校的新年派对上接吻了。他们的文化背景和家庭背景差异很大。波达尔认为既然塔拉索夫和他接吻，当然就是他的女朋友了。但塔拉索夫不认为自己在和波达尔约会，接吻也只是一种激情表达，并不意味着自己要做他的女朋友。于是，塔拉索夫拒绝了波达尔，并告诉他，自己没有兴趣和他进一步发展。

这对波达尔是一个巨大打击，他逐渐钻了牛角尖，认为塔拉索夫在玩弄他的感情。于是，他产生了要杀死塔拉索夫的念头。校方察觉到波达尔的异样，安排心理医生摩尔（Moore）对他进行心理咨询。波达尔在心理咨询中向摩尔医生说出了自己要杀死塔拉索夫的细节。于是，摩尔医生要求波达尔不要再去见塔拉索夫，并将波达尔的问题通知了学校和警方，但并没有把可能遭受生命危险一事告诉塔拉索夫本人及其父母。警方带走波达尔后很快又将其释放，因为没有实际证据。

1969 年 10 月 27 日，波达尔找到塔拉索夫，对着塔拉索夫连开数枪，又用刀刺了塔拉索夫整整八刀！塔拉索夫因而去世，波达尔自首。最终因为摩尔医生的心理咨询报告中提到波达尔有妄想型精神分裂症，他被释放并回到自己的国家。

随后，塔拉索夫的父母作为原告，控告加利福尼亚大学委员会没有将塔拉索夫遇到的可能威胁告知其父母及本人，居然允许波达尔从警局释放出来。这就是著名的塔拉索夫案。塔拉索夫的父母最终胜诉，摩尔医生被判定存在专业失职。本案的终审结果深刻地影响了美国心理治疗的发展历程。且加利福尼亚州在判定加利福尼亚大学败诉的同时，也颁布了"塔拉索夫法则"。

"塔拉索夫法则"规定，心理医生在得知自己的患者有危害他人生命安全的意图时，有将实情告知警方和受威胁人的义务，以及采取一切可能的措施保护受威胁人的义务。这是对心理治疗和咨询中"保密原则"的突破。

参考文献

[1] 刘月树. 托马斯·帕茨瓦尔的医学伦理思想 [J]. 医学与哲学，2013，34 (19)：9−11，29.

[2] 梁怡. 新时代仍然需要学习白求恩精神——再读毛泽东名篇《纪念白求恩》 [J]. 毛泽东邓小平理论研究，2021 (10)：88−96，108.

[3] 冯泽永. 医学伦理学与生命伦理学的联系与区别 [J]. 医学与哲学，2020，41 (19)：12−16，80.

[4] 邱仁宗. 21 世纪生命伦理学展望 [J]. 哲学研究，2000 (1)：31−37，51.

［5］王明旭，赵明杰. 医学伦理学［M］. 5 版. 北京：人民卫生出版社，2018.

［6］邱仁宗. 医患关系严重恶化的症结在哪里［J］. 医学与哲学（人文社会医学版），2005，26（21）：5－7.

［7］邱仁宗. 生命伦理学［M］. 增订版. 北京：中国人民大学出版社，2020.

［8］雅克·蒂洛，基思·克拉斯曼. 伦理学与生活［M］. 11 版. 程立显，刘建，译. 成都：四川人民出版社，2020.

［9］焦剑，Timothy L. 患者赋权问题及其解决思路——国外患者赋权理论文献综述［J］. 医学与哲学，2019，40（6）：1－7.

第四讲

生与死的选择
——安乐死与安宁疗护

第一节　安乐死概述

**死亡的定义
及其变迁**

一、死亡的定义及变迁

To be or not to be，that is the question. 哈姆雷特说，生存还是死亡，这是一个问题。死亡既是一个生物学概念，也是一个哲学概念。我们在这里讨论的主要是死亡的医学定义。

死亡不是一个瞬间，而是一个过程。社会学家把死亡分为社会死亡、知识死亡和生物死亡三个阶段。医学家把死亡分为濒死期、临床死亡期和生物学死亡期三个阶段。濒死期的主要特点是脑干以上神经中枢功能丧失或深度抑制，表现为反应迟钝、意识模糊或消失、各种反射迟钝或减弱、呼吸和循环功能进行性减弱。临床死亡期的主要特点是延髓深度抑制和功能丧失，各种反射消失、心跳停止、呼吸停止。生物学死亡期是死亡的最后阶段，心、脑等重要器官的新陈代谢不可逆性停止。根据死亡的速度，死亡可以分为即时死亡、急性死亡、亚急性死亡和慢性死亡。

死亡的判定标准从古至今经历了漫长的演变过程。"心肺死亡标准"，即以呼吸停止、心跳停止作为死亡的定义和判断标准，已经被沿袭了数千年。传统上讲，当某人死了，人们会说，他断气了。所以最开始对死亡的定义就是呼吸停止，以及随之而来的心跳停止。《黄帝内经》中记载"脉短、气绝，死"，即心跳、呼吸完全停止时，就表明人死亡了。1951 年，美国著名的《布莱克法律词典》（*Black's Law Dictionary*）

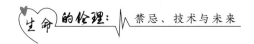

给死亡做了定义，死亡是"生命之终结，人之不存。即医生确定血液循环完全停止，以及由此导致的呼吸、脉搏的停止"。

随着医学的发展，越来越多的新情况出现了，过去的传统认知——大脑功能和心肺功能互相依赖被打破了。呼吸机、除颤仪、重症监护室的发展挽救了无数生命，其中也包括越来越多"意识恢复无望"的生命，激发了关于死亡标准的宗教、哲学和经济学讨论。皮埃尔·莫拉雷（Pierre Mollaret）和莫里斯·戈隆（Maurice Goulon）发表了论文《不可逆性昏迷》（"Le coma dépassé"），报道了23名深度昏迷的病例，他们脑电图呈一条直线，指出凡是被诊断为"昏迷过度"的患者，苏醒的可能性几乎为零。在第23届国际神经学会上莫拉雷首次提出"过度昏迷"或"不可逆昏迷"的概念，被认为是脑死亡概念的雏形。1963年，施瓦布（Schwab）提出了著名的"临终三标准"，即无脑电活动、无瞳孔反射、对伤害性刺激无反应，并通过大脑尸检证实了不可逆伤害的存在。

器官移植技术的发展加快了这一进程，1966年CIBA基金会（CIBA Foundation）组织了"医学进步的伦理学：器官移植"专题研讨会。会上提出，要取得最佳的器官移植效果，应该通过重新定义死亡来确定何时关闭呼吸机。1968年，世界医学会（World Medical Association，WMA）、国际器官移植学会（The Transplantation Society，TTS）第二届年会、纽约州活体器官移植委员会相继提出应重新定义死亡。

1968年，哈佛大学医学院脑死亡定义审查特别委员会（The Ad Hoc Committee of the Harvard Medical School to Examine the Definition of Brain Death）在《美国医学会杂志》上发表了"脑死亡综合征"的定义和诊断标准，把死亡定义为脑死亡，即原发于脑组织的严重外伤或原发性疾病，导致包括脑干在内的全脑功能不可逆丧失，即中枢神经系统全部死亡。同时，明确了脑死亡的 4 条诊断标准：

（1）对外部刺激和身体内部需求毫无知觉和完全没有反应。

（2）自主的肌肉运动和自主呼吸消失。

（3）反射，主要是诱导反射消失。

（4）脑电波平直或等电位。

凡符合以上 4 条诊断标准，24 小时内反复测试，多次检查结果一致者，即可宣告死亡。哈佛大学医学院脑死亡定义审查特别委员会在报告中说，他们这样做是因为"生命复苏和支持技术的改善使得挽救极重病患者成为可能，有时，这些努力并不尽成功，以至于有些患者虽然心脏仍然跳动，但大脑和智力的损伤已不可逆，给患者、家属、医院造成了巨大的负担。死亡定义标准的模糊，会引起器官移植的争议"。

同年，WHO 也公布了类似标准，强调死亡指包括大脑、小脑和脑干在内的全脑功能不可逆丧失，即使此时心跳仍然存在，或者心肺功能在外界维持下存在，也可判定死亡。

死亡的定义不仅有着重要的临床意义，也具有深远的伦理学、宗教、经济和法学意义。医学的发展不仅延长了生命，也延长了死亡的过程。脑死亡标准将死亡的概念从心脏和肺过渡到中枢神经系统，逐步在医学界得到公认，此后许多国家参照哈佛大学医学院脑死亡定义审查特别委员会的标准相继开展了脑死亡标准的制定和立法。

二、安乐死的概念及其分类

安乐死最初源于希腊文"Euthanasia"，意思是安乐的死亡、有尊严的死亡、安详无痛苦的死亡等，后被简称为安乐死。1915 年，美国

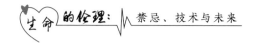

安娜·勃林格（Anna Bollinger）女士产下一名身体多项缺陷的男婴，医院建议放弃治疗。此事件引起大量争论，也推动了安乐死运动。1938年，美国全国性安乐死立法协会成立，推动安乐死立法。1975年新泽西州发生的昆兰案（见文后案例）引发了对死亡权利的广泛争论。

按照不同的分类标准，可以对安乐死进行不同的分类。比如，最常见的分类方式是按照实施行为，可以分为积极安乐死和消极安乐死。消极安乐死也叫被动安乐死，指不再给予积极治疗，仅仅给予减轻痛苦的适当药物，比如消炎药、镇痛药，任由死亡发生。积极安乐死也叫主动安乐死，指患者治愈无望又痛苦万分时，应患者本人、家属或监护人的要求，采用药物或其他主动手段加速死亡的发生。按照患者是否有安乐死的意愿，可以分为自愿安乐死和非自愿安乐死。自愿安乐死指患者本人在清醒状态下，明确表示安乐死意愿，然后依其意愿实施的安乐死。非自愿安乐死则是无法表明自身意愿的患者，由其家属或监护人决定实施的安乐死。也有人提出，根据不同的痛苦情况和采取的手段，可将安乐死分为维持治疗除痛型安乐死、放弃治疗除痛型安乐死、放弃治疗终止痛苦型安乐死。安乐死的分类和对安乐死本质的理解密切相关，而直觉上区别很大的"主动"和"被动"，或"自愿"与"非自愿"，在伦理上或者说在安乐死这个议题上的区别到底有多大，还需要商榷。

我们需要注意安乐死与缓和医疗（Palliative care）的异同点。现在人们对缓和医疗和安乐死的理解尚有差异。有人把缓和医疗理解为临终关怀或安宁疗护，有人把缓和医疗理解为消极医疗。这些概念的混淆和误用对安宁疗护、安乐死等的宣传和发展不利。缓和医疗又称舒缓医疗、姑息治疗，根据2019年国际安宁缓和医疗协会（International Association of Hospice and Palliative Care，IAHPC）的定义，缓和医疗指"针对全年龄段遭受严重健康相关痛苦个体的主动的全人照护，这些痛苦通常由严重疾病引发，尤其是当患者临近生命终点时，缓和医疗的目的是提升患者、家属及其照护者的生命质量"。缓和医疗既不加速死亡，也不过度延缓死亡，尊重患者的价值观。缓和医疗和安乐死有很大区别。缓和医疗的目的是提升生命质量，而安乐死是解除患者的痛苦。缓和医疗会采取措施预防、缓解患者的痛苦，不是任其死亡，也不会采取措施加速死亡，而积极安乐死会采取加速死亡的措施。因此，缓和医疗的争议较小、社会公众的接受度高。

第二节　安乐死相关伦理争议和现状

一、安乐死的伦理争议

2016 年 4 月，荷兰某医生让一名 74 岁的阿尔茨海默病患者饮用添加了镇静安眠药的咖啡，随后为其注射安乐死药物，为其执行安乐死。但是注射进行到一半时，患者突然站起来反抗，医生在家属的协助下匆匆注射完剩余的药剂，随后患者死亡。当地安乐死复检委员会指出，该医生并未确定这位患者是否一心求死，因此其行为有越界嫌疑。不久后，这名医生被荷兰公共检察官办公室正式起诉，成为荷兰安乐死合法化以来首位被起诉的安乐死执行医生。这名患者其实在清醒时签署过同意安乐死的意愿书，但病情恶化后，表现出恐惧、愤怒等情绪，对安乐死的态度变得"不清楚和相互矛盾"。也就是说，患者有的时候表明自己想死，有的时候又表明自己不想死。这位被起诉的医生表示，非常期待能就针对无行为能力患者如何执行安乐死出台更详细的指导。

事实上，很多医生对无行为能力患者执行安乐死有很大的顾虑。实际上安乐死已经在荷兰引发多起争议。荷兰检方在 2018 年 3 月 8 日发布了《决定对四起涉嫌安乐死刑事犯罪进行调查》的公告，四个案例中的两个案例是医生无法确认临终时的安乐死请求是否出于患者自愿，比如其中一名 67 岁的阿尔茨海默病患者被依据多年前的意愿执行了安乐死。另外两个案例是审查委员会提出的，他们认为医生应该能发现，患者拒绝治疗及想死是因为丧失了对生活的希望，而非真的想死。可以看出，即使患者表达了安乐死的意愿，但是时过境迁，患者本人的意愿可能会变化也未可知。此外，医生、家属、照护者对患者意愿的理解也不尽相同。在这种时候，患者本人大多已无法表达自己的意见，而安乐死的结果是无法逆转的，这也是引发安乐死相关伦理争议的重要原因。

安乐死与医生的职业道德也有不少伦理冲突。传统医德要求"医乃仁术"，体现对生命的仁爱，我国古代有不少相关论述，如"仁者爱人""人命至重，有贵千金，一方济之，德逾于此""泛爱众而亲仁"。西方传统医德代表作《希波克拉底宣言》也体现了这一要求："我之唯一目的，为病家谋幸福。"同时，传统医德中还体现了生命伦理学的"不伤害原则"。例如，《希波克拉底誓言》中写道，"我不得将危害药品给予他人，并不作此项之指导，虽然人请求亦必不与之""不做各种害人及恶劣行为"。安乐死与医生救死扶伤的传统相悖，并危害医患关系。随着科技的发展，人们对生命的价值有更深入的思考，人的生物性并不是生命价值的唯一标准。现代医德也融入了社会价值理论，医生不仅要救死扶伤，还应维护患者的权利和尊严。

二、安乐死的国际立法状况

《布莱克法律词典》认为安乐死是"从怜悯出发，把身患不治之症和极端痛苦的人处死的行为或做法"。《中国大百科全书·法学》对安乐死的定义是："对于现代医学无可挽救的逼近死亡的患者，医生在患者本人真诚委托前提下，为减少患者难以忍受的剧烈痛苦，可以采取措施提前结束患者的生命。"

2002 年 4 月 1 日，荷兰关于安乐死的法案——《应他人请求结束其生命及协助自杀审查法》（一般简称为《荷兰安乐死法》）正式施行。《荷兰安乐死法》的核心是患者本人的意愿，而不是家属的意愿。且医生对待患者的意愿应非常谨慎，应在充分了解患者病史的基础上，确定患者确实经受无法忍受的痛苦且无法改善，再报告审查委员会，获得许可之后才能执行安乐死。荷兰全国在 2017 年共有超过七千人选择通过安乐死结束生命，占当年去世总人数的 4% 以上。事实上，荷兰安乐死的人数并不是逐年上升的，2018 年就较 2017 年有所减少。

在《荷兰安乐死法》通过后不久，比利时在 2002 年 9 月也通过类似法案。尤其引起争议的是，2014 年 2 月 13 日，比利时众议院通过法案——让重症患儿享有安乐死权利，对重症儿童实施安乐死不设年龄限制。这一法案随即引起了巨大的争议，在此之前比利时对安乐死权利的年龄限制是 18 岁以上。荷兰对安乐死的权利设置了最低年龄 12 岁，且 12~18 岁的未成年重症儿童如欲实行安乐死，必须得到父母、医生等多方同意。很多医生质疑该法案，质疑儿童是否可做出这样重大和艰难的决定。也有人担心滚雪球效应，类似的事情有没有可能发生在残疾儿童、唐氏综合征儿童身上？这一法案会不会给谋杀病弱儿童提供合理途径？

荷兰和比利时对安乐死合法化有较丰富的实践经验，他们对安乐死的实施有严格的要求。其主要有以下实质性要求：患者的安乐死请求必须自愿且经过深思熟虑（反复提出）；患者必须处于医疗上治愈无望的持续状态；患者承受的身心痛苦必须是不可忍受、长期持续且无法解除的；医生必须告知患者病情和预后，让患者对其有清晰的理解；医患双方都清楚地了解，患者的病情没有治愈或改善的希望。在安乐死的程序上也有要求：实施安乐死的医生必须提前咨询另外一位医生，安乐死患者必须上报给有关部门以备复核。

截至 2023 年，安乐死合法化的国家仅有寥寥数个，如荷兰、比利时、卢森堡、德国、西班牙等，美国也仅有华盛顿等少数州。且各国对安乐死的合法性要求也不同，比如对安乐死的最低年龄要求差别很大。

三、我国公众对安乐死的态度相关调查研究

文献计量学分析显示，安乐死概念自从引入我国后，一直受到广泛关注，尤其是在医学伦理学、社会学、哲学等领域。相关民意调查涉及面广，但经验研究较为碎片化、样本量较小，缺乏跨学科视野分析。

四川大学学者在 2019 年以多学科视野结合定性、定量方法开展了一项全国范围的问卷调查。此次调查通过 2018 年年末全国各省人口结构对样本数据进行个案加权，样本与 2018 年各省的人口结构具有可比性。本次调查回收有效问卷 776 份。

调查结果显示，超过 90% 的受访者听说过安乐死，说明安乐死在我国已是一个众所周知的概念。超过 50% 赞同安乐死，明确表示反对的不足 10%，反对的比例较以往调查结果降低，持中立态度的比例有所增加。说明公众对安乐死的态度更加谨慎。

关于安乐死的实施对象，对绝症患者，赞同度最高的是首先给予临终关怀，其次是尽力抢救，再次是安乐死，最低的是任其发展。表明公众对安乐死有非常慎重的考虑，与持中立态度比例增加是一致的。

关于安乐死的实施方式，公众对于消极安乐死的赞同度最高，即"撤出无用的维持生命的设施，让患者有尊严，自然死亡"。公众对使用麻醉药的积极安乐死的赞同度较低。

关于安乐死的实施程序，公众赞同度较高的是具有个人权利保障和符合家庭伦理秩序的实施程序，即"必须由个人申请""除本人外，还需要配偶和家属同意""医生诊断""按法律程序"，说明传统家庭观念在公众对安乐死的态度中影响较大。

男性比女性对安乐死的赞同度更高，但是女性对安乐死合法化的赞同度比男性高。年龄、身体健康状况对公众对安乐死的态度并没有显著影响。受教育程度越高，对安乐死的赞同度越高。文科背景受访者对安乐死的赞同度比工科背景受访者更高。

作为健康教育的一部分，死亡教育可以帮助人们理性面对死亡。随着人口老龄化的发展，为了保护人的尊严，需要加强死亡教育，向公众传播适度的死亡相关知识。

第三节　安宁疗护与生前预嘱

一、安宁疗护

生命末期患者指在当前医疗条件下，疾病无法治愈、死亡无可避免、生命通常不超过 6 个月的患者。尊严死是生命末期患者承受极度痛苦的情况下，放弃抢救，不使用生命支持系统，自然死亡。尊严死既不加速死亡，也不拖延死亡。尊严死包括的范围很广，比如安宁疗护是包括在尊严死范畴内的。生前预嘱推崇的优逝理念也是一种尊严死。

现代意义的安宁疗护由英国西西里·桑德斯（Cicely Saunders）博士开创。1967 年，她在英国建立了第一个安宁疗护机构——圣克里斯多弗安宁疗护医院，被誉为"点燃了世界安宁疗护运动的灯塔"。

根据 2017 年国家卫计委颁布的《安宁疗护实践指南（试行）》，安宁疗护是对临终患者的临终关怀、舒缓治疗、姑息治疗等的统称，以临终患者和家属为中心，以多学科协作模式进行，主要内容包括疼痛及其他症状控制，舒适照护，心理、精神及社会支持等。除了对疼痛、咯血、发热、腹胀、口干、失眠、谵妄等症状的控制，安宁疗护还包括舒适照护，如对病室环境、病床、口腔、肠内营养等的护理，而心理支持和人文关怀尤为重要。运用恰当的沟通技巧和患者建立信任关系，评估患者的心理状态，了解患者和家属对沟通的心理需求程度，评估患者的焦虑、抑郁等情绪，帮助患者应对情绪反应，鼓励家属多多陪伴，评估患者的社会支持系统，让家属参与部分心理护理。在临终前，死亡无法回避，安宁疗护的一个重要内容是死亡教育，引导患者面对和接受自己的病情、正确认识死亡，引导患者肯定生命的意义。

让我们以临终梦境与愿景（End－of－life dreams and visions，ELDVs）为例，加深对安宁疗护的理解。ELDVs 是很多生命末期患者在临终前数小时、数天、数周经历的主观精神和感觉体验，看到或感觉到已故亲人，目前学界对其的操作性定义尚未达成共识。临终梦境常包括与已故亲人团聚、准备去某地、已故亲人在等待，甚至重现过去的痛苦经历。临终愿景常包括看到已故亲人或爱宠，甚至看到宗教人物。这些梦境和愿景通常会给患者带来平静、喜悦的感觉，能减少患者对死亡的恐惧。目前医学界对 ELDVs 有多种解释，比如大脑缺氧导致的幻觉、镇静剂等药物引起的幻觉、谵妄或高热引起的幻觉等。其心理学解释一般归因于生命末期患者的期待和希望。针对 ELDVs 开展专业培训，可以提高安宁疗护人员对 ELDVs 的认知，促进安宁疗护人员和患者之间的有效沟通，以更好地抚慰患者、满足患者的心理需求。

在患者离世之后，安宁疗护并未停止。需要关注家属的心理状态，鼓励家属充分表达悲伤和参与社会活动，通过居丧期随访表达对居丧者的慰问和关怀，帮助家属渡过悲伤期，尤其要重视对特殊人群如儿童、丧父丧母人群的支持。

二、生前预嘱

随着医疗技术的发展，个人对采取哪些医疗措施有了更多的选择。研究证明，提供与患者偏好一致的治疗和护理可以提升生命末期患者的生活质量。不顾患者意愿，一味追求使用生命维持系统延长寿命时间，会让患者生活质量低下。以患者为中心的护理更能提升护理质量。生前预嘱（Living will）是在意识清醒的前提下，本人自愿签署，说明在不可治愈的疾病终末期或临终时采取或不采取哪些医疗或护理的书面指示，是一种预先医疗指示。大多数生命末期患者表示，自己在生命末期接受的治疗护理项目并非自己想要的，其中很多让患者遭受身心折磨和经济压力。生前预嘱制度正是基于此，把决策权留给生命末期患者，实现患者自我利益的最大化。生前预嘱有助于提升患者生命末期的生活质量，减轻家属的心理负担，降低医疗纠纷的发生概率，合理分配医疗资源。

国外生前预嘱研究起步较早，从静态的预先医疗指示（Advance directives，AD）、动态的预立医疗照护计划（Advance care planning，ACP），到各种特殊人群中 ACP 的完成及影响因素等。1976 年，美国加利福尼亚州通过了《自然死亡法》（Natural Death Act），允许撤销临终患者的生命支持系统。1991 年，美国联邦政府发布《患者自决法案》（Patient Self-Determination Act），要求所有参与国家医疗保险和贫困医疗补助计划的医院、临终护理院、养老院等机构，以书面形式告知所有成年患者具有自决权利，并有义务及时更新患者的 AD 状态。这些举措都促进了生前预嘱概念的传播，也减少了实施患者的预嘱时医患的顾虑和可能的医疗纠纷。韩国于 2018 年 1 月开始施行《维持生命医疗决定法》，也称为《尊严死法》。按照其规定，临终患者可以自行决定是否继续接受维持生命的医疗，尊重和保护患者生命末期的决定。

2000 年后，我国的临终关怀服务事业快速发展。2013 年，首个推广生前预嘱的组织在北京成立，多地医院开展相关试验项目。2022 年 6 月 23 日，《深圳经济特区医疗条例》修订稿表决通过，生前预嘱首次入法。相关叙述如下。

收到患者或者其近亲属提供具备下列条件的患者生前预嘱的，医疗机构在患者不可治愈的伤病末期或者临终时实施医疗措施，应当尊重患者生前预嘱的意思表示：

（1）有采取或者不采取插管、心肺复苏等创伤性抢救措施，使用或者不使用生命支持系统，进行或者不进行原发疾病的延续性治疗等的明确意思表示。

（2）经公证或者有两名以上见证人在场见证，且见证人不得为参与救治患者的医疗卫生人员。

（3）采用书面或者录音录像的方式，除经公证的外，采用书面方式的，应当由立预嘱人和见证人签名并注明时间；采用录音录像方式的，应当记录立预嘱人和见证人的姓名或者肖像以及时间。

生前预嘱使人们从新的角度看待医患关系，传统的医患关系是医生-患者的二元关系结构，家属被看作围绕患者的角色，而没有把家属单独作为一元。家属的意愿、理解和配合在生前预嘱中非常重要，所以在生前预嘱的订立和实行过程中，就应该从医生-患者-家属的三元关系结构来看待医患关系，而在患者离世后，三元关系结构又变为医生-家属的二元关系结构。当医生、家属的价值倾向与生前预嘱相冲突时，如何兼顾医生的专业裁量权和患者的自主权、如何维护新型医患关系都成为重要的课题。

除了医生和护士，生前预嘱的推进还需要医务社会工作者的积极参与。医务社工不仅开展生前预嘱的宣传，还协助患者及其家属订立和实施生前预嘱。医务社工通常定期接受医学和沟通技巧等的专业培训，对与生命末期患者和家属的沟通更有经验。研究表明，医务社工的努力工作可以增加愿意制订 AD 的患者数量。可以通过成立基金会等多种方式，保障医务社工的合理待遇，促进医务社工职业社会化，提高职业认同度。这样，医务社工可以承担更多生前预嘱相关工作，对患者和家属提供人文关怀、社会支持和心理慰藉。

讨论与展望

1. 如果你的家属身患疾病无法治愈，要求安乐死，你会同意吗？为什么？

2. 你支持安乐死合法化吗？你认为应该如何进行监管？

3. 你认为安乐死应该由谁实施？

4. 你支持生前预嘱吗？为什么？

【案例】昆兰案

20 世纪 70 年代，美国一位名叫卡伦·安·昆兰 (Karen Ann Quinlan) 的年轻女子引发了一场全国性的讨论，其内容涉及死亡的权利、拒绝拯救生命的治疗的权利、生前遗嘱的必要性以及安乐死。

世界上第一例
安乐死案例
之昆兰案

1975 年，21 岁的昆兰在节食减肥。在饮酒和使用镇静剂甲喹酮后，她从酒吧的楼梯上摔下来，陷入昏迷状态。根据医生的判断，她的大脑由于缺氧受到了不可逆的损伤，陷入持续性植物状态，苏醒的可能性极小。尽管没有自主呼吸，但通过插入气管的呼吸机维持呼吸，她的身体会随着机器每秒钟起伏一次。营养则通过鼻饲管维持。

看着躺在病床上昏迷不醒的女儿，她的父母心如刀绞。尽管在医学上，昆兰处于无知觉状态。但是醒着时，昆兰的头会无意识地摆动，嘴巴张开呈嘶吼状，脸部肌肉扭曲。她的母亲茱莉亚对医生说："感觉女儿的灵魂被囚禁在牢房中，天天呐喊，世界却听不见，也无力打破墙壁的禁锢。外面的人千呼万唤，却也帮不上忙。"昆兰的父母逐渐开始思考一个问题，昆兰处于这样的状态，是有尊严地告别世界，还是如"活死人"一般活着？如果昆兰有思考能力，她会做出怎样的选择？

昆兰的父母是虔诚的天主教徒，早在 1957 年，教皇庇护十二世就提出，水和食物是普通的照顾，而呼吸机或其他复苏手段或者生命维持手段是非常规的照顾。因此，医生和亲属不应强迫昏迷或植物人状态的人活着。昆兰的父母希望女儿的生命掌握在上帝的手中。即只提供给她普通的照顾，而不提供呼吸机等非常规照顾。因此，他们要求医生拿掉呼吸机，让他们的女儿"优雅而有尊严地"死去，并签署文件保证自己不会起诉医生或者医院。但是负责治疗的摩尔斯医生拒绝了撤除呼吸机的要求。他认为，应该如何治疗由医生说了算，即使是患者的法定监护人，甚至患者醒过来了，治疗的最终决定权依然在医生手中。如果患者家属不信任医院，可以选择转院或变更医生。

昆兰一家的情况没有先例，于是，昆兰的父母在新泽西州莫里斯顿高等法院提出诉讼。我们还需要了解一个情况，在昆兰一家居住的新泽西州，当时脑死亡的理念尚未被立法机构认同。所以，尽管处于植物人状态，昆兰作为一名成年人，仍然拥有完整的民事权利。由于昆兰成为无民事行为能力的植物人是突发事件，因此，昆兰的父母希望成为昆兰的法定监护人，必须向法庭申请并由法官指定。一审判决，昆兰的父母败诉。法官在判决书中指出："在其他几个州被立法认同的脑死亡概念，在新泽西州并未成为法律，所以患者从医学概念上仍然活着，如果撤除呼吸机，等同于以安乐死的手段终结患者生命，这是不能接受的。"法官认为："社会的道德良心已经托付给医生，如同昆兰这样情境生死攸关的问题，应交由医生决定。"法官在判决中拒绝赋予昆兰夫妇对女儿的监护权，理由是他们决意移除呼吸机的立场，可能损害被监护人的权益。昆兰的父母决定将诉讼进行到底，案件上诉到了新泽西州最高法院。1976年3月，新泽西州最高法院以7比0的比分，做出有利于昆兰一家的判决。根据对隐私权的新解释，法院认为，只要医疗当局认为昆兰没有康复的"合理可能性"，她断开生命维持系统的利益就超过了国家保护生命的权益。首先，判决认为，亲属对患者的意图具有外人不可替代的判断地位，认为他们最能够了解患者的真实愿望。其次，判决认为，无论如何强调医生与患者之间的信任关系，医生毕竟无法取代患者或亲属，也不适宜替代患者做最终决定，患者或亲属应当在充分知情的情况下，自主选择治疗方案。由于昆兰处于昏迷状态，法院裁定她的父

母，而不是她的医生或法院，有权代表她决定她的命运。当然，如果昆兰的主治医生认为亲属的决定违反其职业伦理观念，拒绝配合，也不宜强制，折中的解决方案是，患者可以转院，或要求更换医生继续治疗。法院还裁定，任何人都不应为移除生命维持系统承担刑事责任，因为该女子的死亡"不是他杀，而是自然死亡"。

法庭判决后，摩尔斯医生遵照昆兰父母的意愿，撤除了她的呼吸机，但鼻饲管还在，因为食物和水是普通的照顾。她的母亲朱莉娅说："我们从来没有想让她死去。我们只是要求把她放回自然的状态，让她在上帝的时间里死去。"在拿掉呼吸机之后，如奇迹一般，昆兰恢复了自主呼吸。在靠鼻饲管生活了 9 年之后，昆兰得了肺炎，并在一年后离世。

昆兰案带来的一个变化是通过司法判决确立了"患者自主决定"的原则，医疗方案不再是医生说了算，而必须更多地征求患者或亲属的意见。昆兰案带来的另一个变化是，如果死亡不可避免，也许我们应该更多地关注患者在死亡之前的安宁，用医学减少他们的痛苦。于是，临终关怀的理念应运而生。昆兰的父母开办了一家临终关怀医院，取名为"卡伦·安·昆兰临终安养院"，这也许是对昆兰最好的纪念。

参考文献

[1] 王卓，李莎莎. 老龄化背景下安乐死合法性的考量——基于 20 世纪 80 年代以来中国安乐死研究的学术史 [J]. 自然辩证法通讯，2020，42（11）：58—67.

[2] 张迪. 缓和医疗与安乐死：差异或协同 [J]. 医学与哲学，2021，42（10）：6—12.

[3] 冯秀云，王丰超. 再论安乐死类型划分的法律问题 [J]. 医学与哲学，2007，28（11）：52—54.

[4] 邓雪竹，邓世雄. 论安乐死与医生职业道德的伦理冲突与启示 [J]. 重庆医学，2013，42（7）：827－829.

[5] 翟佳琦，王江涛. 荷兰安乐死第一案：执行医生被公诉 [J]. 法律与生活，2019，1：54－55.

[6] 李亦萌，李旭，李恩昌. 荷兰、比利时安乐死合法化的成效与反思 [J]. 中国医学伦理学，2014，27（4）：488－492.

[7] 尹媛妮，张婷婷，邱芳，等. 生命末期患者临终梦境与愿景研究进展 [J]. 医学与哲学，2023，44（6）：44－47，61.

[8] 赵利梅，郝雪云，盖恬恬，等. 近 30 年我国安乐死民意调查的文献计量学分析 [J]. 医学与哲学，2019，40（8）：26－29.

[9] 王卓，李莎莎. 中国公众对安乐死的态度及其影响因素分析——基于 2019 年民意调查数据 [J]. 人口学刊，2021，43（2）：20－32.

[10] 苏小凤，刘霖，韩继明. 生前预嘱中的优逝理念探讨 [J]. 医学与哲学，2021，42（13）：32－35，57.

[11] 国家卫生计生委办公厅关于印发安宁疗护实践指南（试行）的通知 [J]. 中华人民共和国国家卫生和计划生育委员会公报，2017（2）：53－73.

[12] 田晴，伍碧，刘俊荣. 生前预嘱的研究现状及展望 [J]. 中国医学伦理学，2023，36（2）：122－129.

[13] 郑永斌，罗锦天，孟光兴. 生前预嘱的伦理考察及中日实践经验的比较与启示 [J]. 中国医学伦理学，2023，36（5）：510－517.

[14] 孙海涛，洪文卓，左婧. 生前预嘱制度的伦理困境与化解路径 [J]. 医学与哲学，2022，43（21）：31－34.

[15] 邱仁宗. 生命伦理学 [M]. 增订版. 北京：中国人民大学出版社，2020.

第五讲

天使还是魔鬼
——临床试验

第一节　临床试验概述

一、临床试验的定义和历史

临床试验简介

　　临床试验是所有针对临床病例的试验的总称，包括任何在人体上进行的研究。在生物医学领域，临床试验用以证实药品的疗效、不良反应或研究试验用药品的吸收、分布、代谢和排泄特征，还用以研究疾病的危险因素、进程、预后等。心理学也常招募受试者开展研究，这也包括在临床试验范围内。

　　世界上第一个临床试验是关于坏血病的，这是一种由维生素 C 缺乏引起的疾病，患者皮肤红肿、肌肉疼痛、精神抑郁、脸部肿胀、牙龈出血，甚至会因严重腹泻、呼吸困难而死亡。坏血病曾是令海员畏之如虎的"瘟神"。1747 年 5 月 20 日，英国海军医生詹姆斯·林德（James Lind）设计并实施了历史上第一个系统的对照试验，来寻找对坏血病真正有效的疗法。他把 12 名患有坏血病的海员分为 6 组，每组 2 人，所有的人吃的食物都一样。然后这 6 组人分别尝试了当时流行的治疗坏血病的方法：醋，稀释的硫酸，苹果酒，海水，肉豆蔻、辣根和大蒜的混合物，橘子和柠檬。结果毋庸置疑，每天吃橘子和柠檬的患者很快康复，因为二者含有丰富的维生素 C。林德医生总结了自己的研究成果，于 1753 年发表了论文《坏血病的治疗》。这个试验是世界上第一个对照试验，开创了临床试验的先河，永载史册。为了纪念这一里程碑事件，每年的 5 月 20 日被定为"国际临床试验日"。

1799 年，英国医生约翰·海加斯（John Haygarth）设计了一个对照试验，发现木头仿制的金属棒也能缓解风湿病患者的疼痛，效果与昂贵的金属棒效果类似，发现精神因素对临床试验结果可能产生很大的影响，安慰剂对照可以解决空白对照不能解决的安慰剂效应问题。第二次世界大战时期，美国麻醉师毕彻（Beecher）在没有镇痛剂时，给伤兵注射没有药理活性的生理盐水，并告诉他们是强力镇痛剂。令人吃惊的是，伤兵的疼痛被止住了。毕彻于 1955 年发表著名论文《强大的安慰剂》（The Powerful Placebo），并宣称 35％ 左右的患者可受益于安慰剂治疗。毕彻指出，只有药效强于安慰剂效应的药物才能被认定为有效药物。美国食品药品监督管理局（U. S. Food and Drug Administration，FDA）也认可这一理念，并规定，在不违反伦理原则的前提下，任何临床试验都应尽力排除安慰剂效应。安慰剂发挥效应的基础在于被患者视为"真药"，即患者处于被蒙蔽的状态。因此，临床试验中要使患者不知道自己用的是安慰剂还是真药，就好像患者被蒙上眼睛，这就是盲法。但仅仅对患者设置盲法是不够的，研究者如果了解患者使用的是真药还是安慰剂，在言行中都难免流露出来，对研究结果也会产生影响，所以，应该同时"蒙住研究者和患者的眼睛"，这就是双盲法。

临床试验的研究对象是人，而人是千差万别的，如果在分组的时候，两组患者在年龄、性别、病情程度、病程长短等方面不均衡，即使最终我们发现其中一个组的效果更好，也不能得出效果的差异是由药物引起的结论，因为组间的不均衡也有可能导致效果的差异。如何解决组间不均衡问题呢？随机化是一个强有力的工具。随机化指让参加试验的每个受试者具有同等的机会进入试验组与对照组。英国统计学家罗纳德·艾尔默·费希尔（Ronald Aylmer Fisher）于 1935 年著书《试验设计法》（The Design of Experiments），对试验设计的随机化做了系统阐述，并指出随机化是统计分析的前提条件，并在此书中提出了著名的试验设计三原则：随机化、区组控制和重复。1937 年，费希尔在《医学统计学原则》（*Principles of Medical Statistics*）一书中提出严格遵守随机化是临床试验的必要条件。

临床试验通常用于检验药物的效果，即用药组和不用药组，或用药组和安慰剂组的差异。得出的结论是药物和安慰剂的疗效差异，即服用药物和安慰剂的所有同类患者的差异，因此样本量至关重要。样本量越大，结果的可重复性越高，越能反映总体的真实效应。伯努利的大数定律（Law of the large numbers）表明，在观察样本量足够大的情况下，经验观测可以反映随机规律。因此样本量要足够，但囿于现实因素，样本量不可能无限大。因此，为了得出可靠的结论，临床试验的样本量是由公式计算得到的。

至此，临床试验方法学的重要原则：对照、双盲、随机、重复都已出现，这四大原则让随机对照临床试验（Randomized controlled trial，RCT）成为判定药物疗效的"金标准"。

二、临床试验的伦理学发展史

临床试验在诞生之初即面临伦理争议。一方面，临床试验可以促进医学发展，提高医疗水平和大众健康水平，有不可替代的科学和社会价值。另一方面，临床试验的受试者是活生生的人，享有和其他人同等的尊严和权利。为了临床试验的科学和社会价值，是否能牺牲受试者的尊严和权益呢？

1. 纽伦堡法典

第二次世界大战期间，纳粹利用战俘和平民开展了多种惨无人道的临床试验。日本 731 部队的全称为日本关东军驻满洲第 731 防疫给水部队，堪称历史上最惨无人道的、大规模的细菌战研究中心。他们在中国东北开展了活体解剖试验、冻伤试验、毒气试验、细菌武器试验等多项反人类的试验。战后，同盟国在纽伦堡对参与纳粹人体试验的医生和军官进行审判。1947 年 8 月 19 日，法官在宣读对他们的最终审判之前，宣布了十条人体试验的伦理原则，被后人称为《纽伦堡法典》（The Nuremberg Code）。

《纽伦堡法典》继承了《希波克拉底誓言》中的不伤害原则，又增加了另一条原则——尊重原则，并由此阐发出知情同意原则。具体包括以下主要内容：绝对需要受试者的知情同意；在做人体试验之前，应先进行动物实验；实验的危险性不能超过实验所解决问题的人道主义的重要性；人体试验应避免给受试者带来精神或肉体的伤害；禁止进行受试者可能死亡或残废的人体试验；人体试验必须由受过训练的人来进行；受试者在试验期间随时有权退出试验。

《纽伦堡法典》开创了对临床试验受试者的伦理保护，但是其并没有法律地位，不能有效约束研究者的行为。内容也较为简单，有很多重要问题没有规定。受试者的伦理保护之路才刚刚开始。

2. 赫尔辛基宣言

1964 年，世界医学协会第十八届全体大会在芬兰赫尔辛基召开，会议通过了人体试验伦理原则草案，命名为《赫尔辛基宣言——涉及人的医学研究的伦理准则》（Helsinki Declaration：Ethical Principle for Medical Research Involving Human Subjects）（以下简称《赫尔辛基宣言》）。

《赫尔辛基宣言》在《纽伦堡法典》的基础上，进一步提出了临床试验的三条基本原则，并沿用至今。首先，研究要符合科学原则，不科学的就是不伦理的；其次，权衡临床试验的风险和收益；最后，尊重受试者，并引入"代理同意"这一概念，让无法表达自愿同意的人也能参加临床试验。此外，临床试验必须接受伦理审查。

《赫尔辛基宣言》是关于临床试验的第一个得到国际公认的伦理原则，影响深远。1975 年，世界医学协会第二十九届全体大会通过了《赫尔辛基宣言》修订案。该修订案确立了伦理至上原则，即伦理性高于科学性，明确了受试者的权益不仅包括生命权和健康权，也包括隐私权，指出同意的基础是充分知情。该修订案首次提出了独立审查委员会，把临床试验纳入外部监督，并提出，不符合该修订案的研究报告不应该被发表。至此，该修订案确立了临床试验受试者的四重保护机制，即伦理至上、知情同意、独立审查委员会、结果发表的伦理要求。

3. 贝尔蒙报告

虽然关于临床试验伦理问题的解决有了突破性的进展，但临床试验中的违规行为甚至悲剧事件依然层出不穷。1972 年才终止的塔斯基吉梅毒试验（见文后案例 1）震惊了全世界。1974 年 4 月，《贝尔蒙报告：保护参与科研的人体试验对象的道德原则和指南》（The Belmont Report，Ethical Principles and Guidelines for the Protection of Human Subjects of Research）发布。该报告提出了临床试验的三条伦理原则：尊重、受益、公正。这是临床试验伦理发展史上的里程碑事件，首次提出了临床试验中的公正原则，这主要是针对受试者选择的，即研究者不能将某些能带来更大潜在收益的试验只对某些特定人群实施，而将可能带来更大风险的试验实施于另外的特定人群。

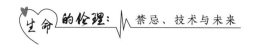

第二节　伦理委员会

一、伦理委员会的起源和定义

**什么是伦理
委员会**

伦理委员会在这本教材和本门课程中出现了很多次，比如，人体试验全程需要接受伦理委员会监督；动物实验在开始前，试验方案需要通过伦理委员会的审批。因此其重要性毋庸置疑。

伦理委员会的雏形出现于 20 世纪 60 年代的美国。1960 年美国西雅图华盛顿大学的斯克里布纳（Scribner）博士、迪拉德（Dillard）博士和工程师昆顿（Quinton）发明了一种植入式动静脉分流器，使得慢性肾衰竭患者有可能通过定期的血液透析来延长生命。1961 年，3 位最先接受血液透析治疗的患者状态良好，因此，斯克里布纳博士向医院提出治疗更多患者的请求，但是医院拒绝了，因为研究经费无法持续地支持患者数量的扩展。但是如果停止治疗，患者就会有生命危险。据估计，当时的美国每年每 100 万人口中有 5~20 名适合接受长期血液透析的患者。许多外地患者纷纷涌到西雅图，希望得到治疗。于是，如何选择治疗的对象就成了一个难题。斯克里布纳博士不愿意自己做决定。时任西雅图金郡医学会会长的哈维兰（Harviland）医生提出并亲自主导建立了一个全部由其他职业人员组成的公民委员会，全名为"瑞典医院西雅图人工肾脏中心准许及政策委员会"。该委员会由九名成员组成，包括律师、神父、银行家、家庭主妇、医生、劳工领袖等。该委员会在运转的两年中做出了近 10 次的相关决定，值得注意的是，他们做选择时不需要考虑医学的因素，因为"候选人"都是已经经过医学标准筛选的。

这种做法遭到了部分学者和社会舆论的批判，认为这个委员会扮演了上帝的角色，称其为"上帝委员会"。1972年，塔斯基吉梅毒试验曝光，引发广泛的社会争议，在此背景下，1974年国家研究法案（National Research Act）通过并生效，决定成立美国保护生物医学及行为研究人类受试者全国委员会（National Commission for the Protection of Human Subjects of Biomedical and Behavioral Research），开创了在部门层面建立伦理委员会并行使一定审查功能的先例。1976年的"昆兰案"中，法院认为昆兰的医生应该咨询医院伦理委员会的"预后意见"，"医院伦理委员会"的表述第一次出现在案件的判决书中。1980年，医学、生命医学和行为科学伦理问题总统委员会在国会授权下成立。与此同时，国家层面的伦理委员会行使的功能更多地向咨询和决策过渡。1991年，医疗机构资质认证联合会（Joint Commission on Accreditations on Healthcare Organizations）在认证手册中将建议医院成立伦理委员会改为要求医院成立伦理委员会。

狭义的伦理委员会，其成员是从生物医学领域和伦理学、法学、社会学等领域的专家和非本机构的社会人士中遴选产生的，人数不得少于7人，并且应当有不同性别的委员，少数民族地区应当考虑少数民族委员。必要时，伦理委员会可以聘请独立顾问。独立顾问对所审查项目的特定问题提供咨询意见，不参与表决。

伦理委员会的职责是保护受试者的合法权益，维护受试者尊严，促进生物医学研究规范开展；对本机构开展的涉及人的生物医学研究进行伦理审查，包括初始审查、跟踪审查和复审等；在本机构组织开展相关伦理审查培训。因此，从事涉及人的生物医学研究的机构是涉及人的生

物医学研究伦理审查工作的管理责任主体，应当设立伦理委员会，并采取有效措施保障伦理委员会独立开展伦理审查工作。医疗卫生机构未设立伦理委员会的，不得开展涉及人的生物医学研究。

二、国家科技伦理委员会

科技伦理是开展科学研究、技术开发等科技活动必须遵循的价值准则和行为规范，是促进科技事业健康发展的重要保障。2019 年 7 月，中央全面深化改革委员会第九次会议审议通过《国家科技伦理委员会组建方案》，以加强统筹规范和指导协调，推动构建覆盖全面、导向明确、规范有序、协调一致的科技伦理治理体系。2020 年 10 月 21 日，国家科技伦理委员会成立。2022 年 3 月，中共中央办公厅、国务院办公厅印发《关于加强科技伦理治理的意见》（以下简称《意见》），明确了国家科技伦理委员会负责指导和统筹协调推进全国科技伦理治理体系建设工作，科技部承担国家科技伦理委员会秘书处日常工作。"十四五"期间，重点加强生命科学、医学、人工智能等领域的科技伦理立法研究，及时推动重要的科技伦理规范上升为国家法律法规。《意见》还明确，压实创新主体科技伦理管理主体责任。高等学校、科研机构、医疗卫生机构、企业等单位要履行科技伦理管理主体责任，建立常态化工作机制，加强科技伦理日常管理，主动研判、及时化解本单位科技活动中存在的伦理风险。根据实际情况设立本单位的科技伦理（审查）委员会，并为其独立开展工作提供必要条件。从事生命科学、医学、人工智能等科技活动的单位，研究内容涉及科技伦理敏感领域的，应设立科技伦理（审查）委员会。

第三节 临床试验的监管

不论是《纽伦堡法典》《赫尔辛基宣言》还是《贝尔蒙报告》，都没有法律地位，且都是关于伦理的原则性规定，不是具体的操作要求。因此，许多国家和地区都颁布了自己的监管要求。

一、临床试验质量管理规范的诞生

20 世纪 30 年代的磺胺酏剂事件（见文后案例 2）导致数百人肾衰竭甚至死亡，深究原因，在于当时没有任何法律规定药物上市前应进行安全性试验。于是，1938 年美国国会通过《食品、药品与化妆品法案》（Food，Drug and Cosmetic Act），赋予 FDA 更大的监管权力，新药上市必须经过 FDA 的审批。

20 世纪的反应停事件（见文后案例 3）让人们认识到，药品的安全性十分重要。该事件直接促进了《科夫沃－哈里斯修正案》（Kefauver－Harris Amendments）的发布，规定制药商在新药上市前必须向 FDA 提交有效性和安全性数据。

1977 年，美国《联邦管理法典》（Code of Federal Regulations）首次提出临床试验质量管理规范（Good clinical practice，GCP）的概念，后续颁布了一系列相关法规，明确了临床试验中申办者、研究者、监察员的职责，受试者权益保护等，这些内容构成了 GCP 的核心。随后，韩国、欧洲、日本、加拿大等先后制定和颁布了各自的药物临床试验质量管理规范。1995 年，WHO 汇总了药物临床试验规范化操作要求相关

内容，发布了《世界卫生组织药物临床试验质量管理规范指南》（WHO Good Clinical Practice，WHO-GCP）。由此，关于药物临床试验质量管理规范的法规都被统称为 GCP。1996 年，国际人用药品注册技术协调会（The International Council for Harmonisation of Technical Requirements for Pharmaceuticals for Human Use，ICH）颁布了 ICH-GCP，包括质量、有效性、安全性、多学科共四个领域，代表国际最新的药物临床试验质量管理规范标准，获得各国的重视。

1998 年我国卫生部颁布了《药品临床试验管理规范（试行）》。1999 年，国家药品监督管理局正式颁布实施《药品临床试验管理规范》。2001 年，《中华人民共和国药品管理法》规定，临床试验机构必须实施 GCP。2003 年，国家食品药品监督管理局（State Food and Drug Administration，SFDA）修订并颁布了《药物临床试验质量管理规范》，后续多次修订。2017 年，国家食品药品监督管理总局（China Food and Drug Administration，CFDA）加入 ICH，并于 2018 年当选管委会成员。

二、GCP 的相关要点

目前我国正在实行的 GCP 是 2020 年 4 月修订的版本（以下简称"2020 版 GCP"），自 2020 年 7 月 1 日起实施。GCP 和《药品注册管理办法》《药物临床试验机构管理规范》《中华人民共和国药品管理法实施条例》等，共同构成了我国的临床试验法规管理体系。GCP 是对药物临床试验全过程的技术要求，"2020 版 GCP"包含 9 章 83 条。

1. GCP 的目的和总则

制定 GCP 的目的是保证药物临床试验过程规范，数据和结果科学、真实、可靠，保护受试者的权益和安全。其适用于为申请药品注册而进行的药物临床试验。如果是以非药品注册为目的的临床试验，不强制要求按照 GCP 实行，但还是要满足伦理审查的要求。GCP 是药物临床试验全过程的质量标准，包括方案设计、组织实施、监察、稽查、记录、分析、总结和报告。"2020 版 GCP"对临床试验做出了如下定义："临床试验，指以人体（患者或健康受试者）为对象的试验，意在发现或验证某种试验药物的临床医学、药理学以及其他药效学作用、不良反应，或者试验药物的吸收、分布、代谢和排泄，以确定药物的疗效与安全性的系统性试验。""2020 版 GCP"进一步加大了受试者保护的力度，特别强调要关注弱势受试者，明确规定药物临床试验应当符合《赫尔辛基宣言》原则及相关伦理要求，受试者的权益和安全是考虑的首要因素，优先于对科学和社会的获益。伦理审查与知情同意是保障受试者权益的重要措施。

2. GCP 对伦理委员会的要求

"2020 版 GCP"对伦理委员会的定义是这样的："伦理委员会，指由医学、药学及其他背景人员组成的委员会，其职责是通过独立地审查、同意、跟踪审查试验方案及相关文件、获得和记录受试者知情同意所用的方法和材料等，确保受试者的权益、安全受到保护。"首次明确强调了"伦理委员会的职责是保护受试者的权益和安全，应当特别关注弱势受试者"。规定了临床试验暂停、终止的情形，并指出"伦理委员会有权暂停、终止未按照相关要求实施，或者受试者出现非预期严重损害的临床试验"。除了明确列出伦理委员会审查的文件，"2020 版 GCP"还指出："伦理委员会应当审查的文件包括：试验方案和试验方案修订版；知情同意书及其更新件；招募受试者的方式和信息；提供给受试者的其他书面资料；研究者手册；现有的安全性资料；包含受试者补偿信息的文件；研究者资格的证明文件；伦理委员会履行其职责所需要的其他文件。"其还特别指出："为了更好地判断在临床试验中能否确保受试者的权益和安全以及基本医疗，伦理委员会可以要求提供知情同意书内容以外的资料和信息。"此外，"2020 版 GCP"还对伦理委员会的组成、运行细则、相关书面文件的建立都提出了要求，并指出："伦理委员会应当保留伦理审查的全部记录，包括伦理审查的书面记录、委员信息、递交的文件、会议记录和相关往来记录等。所有记录应当至少保存至临床试验结束后 5 年。研究者、申办者或者药品监督管理部门可以要求伦理委员会提供其标准操作规程和伦理审查委员名单。"因此，"2020 版 GCP"对伦理委员会的建设和伦理审查能力提升提出了新的要求，促进了我国科技伦理的发展。

3. GCP 对知情同意的要求

"2020 版 GCP"指出："知情同意，指受试者被告知可影响其做出参加临床试验决定的各方面情况后，确认同意自愿参加临床试验的过程。该过程应当以书面的、签署姓名和日期的知情同意书作为文件证明。"知情同意是保障受试者权益的重要措施。"2020 版 GCP"要求研究者实施知情同意，应当遵守《赫尔辛基宣言》的伦理原则，并符合一系列相关要求。比如，知情同意书的版本更新后，有必要时，受试者需要再次签署知情同意书。签署知情同意书之前，研究者或者指定研究人员应当给予受试者或者其监护人充分的时间和机会了解临床试验的详细情况，并详尽回答受试者或者其监护人提出的与临床试验相关的问题。"2020 版 GCP"对知情同意书和提供给患者的资料也提出了具体要求，应当包括临床试验概况、试验目的、试验治疗和随机分配至各组的可能性、受试者需要遵守的试验步骤（包括创伤性医疗操作）、受试者的义务等。

4. GCP 对受试者的保护

"2020 版 GCP"对受试者的定义是这样的："受试者，指参加一项临床试验，并作为试验用药品的接受者，包括患者、健康受试者。""2020 版 GCP"对于弱势受试者的定义是这样的："弱势受试者，指维护自身意愿和权利的能力不足或者丧失的受试者，其自愿参加临床试验的意愿，有可能被试验的预期获益或者拒绝参加可能被报复而受到不正当影响。包括：研究者的学生和下级、申办者的员工、军人、犯人、无药可救疾病的患者、处于危急状况的患者、入住福利院的人、流浪者、未成年人和无能力知情同意的人等。"2013 版的《赫尔辛基宣言》规定，纳入弱势群体作为受试者必须满足以下条件：弱势群体参与的研究是在非弱势群体不能开展的研究，且参与研究弱势群体应当切实获益。应在试验方案中详细说明纳入弱势受试者的理由，和采取的相应的保护措施，不应该出于害怕承担风险而回避以弱势群体为受试者的临床试验。"2020 版 GCP"用"监护人"替代了 2003 版中的"法定代理人"，要求："受试者为无民事行为能力的，应当取得其监护人的书面知情同意；受试者为限制民事行为能力的人的，应当取得本人及其监护人的书面知情同意。当监护人代表受试者知情同意时，应当在受试者可理解的范围内告知受试者临床试验的相关信息，并尽量让受试者亲自签署知情同意书和注明日期。"

儿童作为受试者的情况下，如果儿童在 8 周岁以上且精神正常，应当征得其本人和监护人的同意，要共同签署知情同意书。"2020 版 GCP"指出："如果儿童受试者本人不同意参加临床试验或者中途决定

退出临床试验时，即使监护人已经同意参加或者愿意继续参加，也应当以儿童受试者本人的决定为准，除非在严重或者危及生命疾病的治疗性临床试验中，研究者、其监护人认为儿童受试者若不参加研究其生命会受到危害，这时其监护人的同意即可使患者继续参与研究。"如儿童不满 8 周岁，或 8 周岁以上但完全不能辨认自己行为（如精神病患者、智力障碍患者，且完全不能辨认自己行为，要求有医学文件证明其神智情况）的为无民事行为能力人，则需要取得其监护人的知情同意。

2020 年 5 月审议通过的《中华人民共和国民法典》将临床试验相关内容规定到人格权一编中，以专门条文保护受试者权益，充分体现了国家对受试者权益保护的重视。"2020 版 GCP"中专门规定："申办者应当采取适当方式保证可以给予受试者和研究者补偿或者赔偿。""申办者应当承担受试者与临床试验相关的损害或者死亡的诊疗费用，以及相应的补偿。申办者和研究者应当及时兑付给予受试者的补偿或者赔偿。""补偿"和"赔偿"是不一样的。补偿指受试者在参加临床试验期间产生的合理之处，以及给他们造成的时间损耗、身体损耗等所给予的费用报销和适当弥补。赔偿则指对受试者因参加临床试验而受到的与试验相关的人身损害（直接和间接损害），预期和非预期的损害，以及身体、财产、心理等给予的赔偿弥补。原则上，临床试验中发生的损害由申办者承担补偿或赔偿责任，如果是由医疗过错导致的损害，则由研究者所在的医疗机构承担赔偿责任。"2020 版 GCP"明确，在研究者需要承担责任时，责任主体为研究者和临床试验机构，且特别说明，"申办方和研究者应当及时兑付给予受试者的补偿或者赔偿"。

5. 独立的数据监查委员会

2016 年发布的《药物临床试验的生物统计学指导原则》中首次提

出设置独立的数据监查委员会。"2020 版 GCP"提出："申办者可以建立独立的数据监查委员会，以定期评价临床试验的进展情况，包括安全性数据和重要的有效性终点数据。独立的数据监查委员会可以建议申办者是否可以继续实施、修改或者停止正在实施的临床试验。独立的数据监查委员会应当有书面的工作流程，应当保存所有相关会议记录。"以上规定说明，独立的数据监查委员会在药物临床试验中发挥着非常重要的作用。期中分析的结果可以在早期淘汰无效试验组，或调整样本量，对于研究质量和受试者保护都很有意义。"2020 版 GCP"对数据保存时间也有规定："用于申请药品注册的临床试验，必备文件应当至少保存至试验药物被批准上市后 5 年；未用于申请药品注册的临床试验，必备文件应当至少保存至临床试验终止后 5 年。"

"2020 版 GCP"是对临床试验监督管理的依据，要求明晰、操作性强，能促进我国伦理委员会建设和审查能力提升，并对受试者的权益提供更有力的保护。其对我国临床试验信息化建设也提出了新的要求，需要通过信息化实现临床试验全业务流程再造，提高数据的标准化和融合化建设，为临床试验的安全性和有效性打好基础。

讨论 与展望

1. 你认为目前的临床试验中还有哪些需要增加监管的要点？

2. 你怎么看待职业试药人这一现象？你认为是否应对此进行监管？如果是，如何监管？

3. 你怎么看待临床试验中的安慰剂效应？

4. 你怎么看待临床试验中的数据共享？

【案例 1】塔斯基吉（Tuskegee）梅毒试验

塔斯基吉是美国亚拉巴马州梅肯县的一个小镇，1932 年，美国公共卫生部在塔斯基吉开展了一项临床试验，目的是观察男性黑人梅毒患者在未经治疗情况下的疾病发展进程。

本试验一共招募了 399 黑人梅毒患者，另招募 201 名黑人健康者作为对照，他们没有得到任何有效治疗，得到的只是几片阿司匹林和维生素。1947 年，青霉素已经成为梅毒的标准治疗药物，但是本试验的受试者不仅没有获得青霉素治疗，还被有意隐瞒该治疗信息，研究人员告诉他们，他们得的是坏血病。因此，他们的梅毒不仅危害自身，还被传染给配偶和子女。1966 年，美国公共卫生部性病研究员彼得·巴克斯顿（Peter Buxtun）写信举报，要求停止此项试验，但该试验一直继续。一直到 1972 年，巴克斯顿向媒体披露此事，塔斯基吉梅毒试验才正式停止。

塔斯基吉梅毒试验一共进行了 40 年，到 1972 年终止时，129 人因梅毒及其并发症死亡，仅有 74 人受试者存活，40 人的妻子被感染，19 名孩子一出生就患有梅毒。

【案例 2】磺胺酏剂事件

1937 年，美国 Massengill 公司的主任药师瓦特金斯（Harold Watkins）为了制成适宜儿童服用的口服溶液，用二甘醇代替了乙醇作为溶媒，配制成磺胺酏剂，未经动物实验就直接上市销售，广泛用于治疗感染性疾病。很快，当地肾衰竭患者大量增加。最终统计显示，因为服用这种磺胺酏剂而发生肾衰竭的共有 358 人，甚至有 107 人死于严重的尿毒症，其中大部分是儿童。后来发现，二甘醇进入体内后，经过代谢变成草酸，可导致肾脏损害。这次事件是美国历史上较大的药害事件之一，参与此次事件调查研究的是药学专家尤金·盖林（Eugene Geiling）及其助手弗朗西斯·奥尔德姆·凯尔西（Frances Oldham Kelsey）。后者在未来的反应停事件中发挥了关键性作用。

【案例 3】反应停事件

反应停事件是药物发展史上极大的灾难。1953 年，瑞士 Ciba 药厂合成了一个化合物沙利度胺，药理试验显示其并无明显药效。后来，德国药厂 Chemie Grunenthal 开展试验发现，沙利度胺能显著抑制孕妇的呕吐等妊娠反应。1957 年，沙利度胺被投放欧洲市场，被宣传为"孕妇的理想选择"，随即风靡欧洲、非洲、澳大利亚、拉丁美洲等地。

1961 年，德国医生报告了多例类似的畸形婴儿：没有手臂和腿，手和脚直接长在躯干上。这些孩子被称为"海豹肢畸形婴儿"。沙利度胺于 1962 年被撤回，在全世界共造成一万余例海豹肢畸形婴儿，其中五千余名婴儿出现严重的内脏畸形，并在一岁内去世。

FDA 的弗朗西斯·奥尔德姆·凯尔西发现反应停进口的申请书中没有对怀孕妇女使用后的副作用的数据，于是要求公司提供严谨的数据报告，并退回了申请书。凯尔西顶住压力，连续六次拒绝了反应停的进口申请，由于凯尔西的坚持，沙利度胺未能进入美国市场。因此，凯尔西获得了"杰出联邦公民服务奖章"。反应停事件促进了《科夫沃－哈里斯修正案》（Kefauver－Harris Amendments）的发布，规定制药商在新药上市前必须向 FDA 提交有效性和安全性数据。从此，安全性成为药物监督的基本原则，儿童和孕妇用药的安全性更是受到重点关注。

参考文献

[1] 曾繁典. 药物临床试验管理规范与医学伦理 [J]. 医药导报，2020，39（11）：

1466－1470.

[2] 周吉银. 2020 版 GCP 对伦理委员会的要求及对策 [J]. 医学与哲学，2020，41（14）：1－5.

[3] 侯艳红，徐伟，林强. ICH－GCP E6（R2）指导下的临床试验伦理学思考 [J]. 中国药物评价，2020，37（1）：66－70.

[4] 郑航. ICH－GCP 基本原则分析与启示 [J]. 中国处方药，2019，17（2）：40－42.

[5] 郑秋实.《药物临床试验质量管理规范》背景下的临床试验受试者损害救济研究 [J]. 中国卫生法制，2023，31（1）：114－117.

[6] 邵红琳，张晨，李维，等. 新版 GCP 下临床试验研究信息化建设思路探讨 [J]. 中国数字医学，2022，17（2）：57－60.

[7] 邱仁宗. 生命伦理学 [M]. 增订版. 北京：中国人民大学出版社，2020.

第六讲

纠结的生命与伦理

——器官捐献与获取

第一节　器官移植的历史与关键技术

器官移植是近代医学伟大的创新之一。科学技术往往来自人类的想象，远古时期的狮身人面像，古希腊神话中狮头、羊身、蛇尾的怪物奇美拉（Chimera）都暗含着人类对器官移植的幻想。奇美拉也被现代生物学借用来指代嵌合体，即由不同基因型的细胞构成的生物体，简单地讲，就是一个生物同时具有多套DNA。

一、人类器官移植简史

人类器官移植最早的尝试是在皮肤上进行的。第二次世界大战期间，英国医生彼得·梅达瓦（Peter Medawar）在植皮研究中提出猜想，移植失败的本质可能是一种免疫排斥反应。为了验证这一猜想，哈佛大学医生约瑟夫·穆雷（Joseph Murray）在同卵双胞胎间成功进行了世界上第一例肾移植手术。1954年，穆雷找到了患有急性衰竭的青年理查德·赫里克（Richard Herrick）和他的孪生哥哥罗纳德·赫里克（Ronald Herrick）。为了验证他们确实是同卵双胞胎，穆雷医生拜托警察为他们鉴定指纹，又尝试进行了一小块皮肤移植并取得成功。肾脏移植手术在1954年12月23日顺利进行。哥哥罗纳德在术后10天就出院了，回到大学继续学习。2010年，罗纳德因为心脏病离世，享年79岁。弟弟理查德术后状态良好，结婚生子，移植手术8年后因为另一场大病而离世。因为临床上不是每个需要器官移植的人都有孪生兄弟或姐妹，穆雷继续探索使用免疫抑制剂防止免疫排斥反应的发生。

唐纳尔·托马斯（Donnall Thomas）被称为"骨髓移植之父"。第二次世界大战期间，投放在广岛和长崎的原子弹让全世界科学家们意识到了核辐射的可怕，如何抵御核辐射立刻成了研究的热门领域。研究发现，把异体来源的骨髓细胞注射到受辐射的小鼠体内，不仅能缓解小鼠的放射损伤，还使小鼠成功耐受了移植的同一来源的皮肤，这意味着骨髓移植在一定程度上恢复了受辐射损伤的免疫功能。托马斯据此提出了天才的设想：先用大剂量放疗杀灭血液系统癌症患者体内的癌细胞，再用骨髓移植恢复同时被摧毁的正常血细胞，就能治好血液系统癌症。1956 年，他成功地利用双胞胎间的骨髓移植治疗白血病。1969 年通过应用免疫抑制剂和组织配型攻克了异体骨髓移植的难关。

1990 年，穆雷与托马斯共同获得了诺贝尔生理学或医学奖，以表彰他们"在用于治疗人类疾病的器官和细胞移植方法的发现"。

二、免疫排斥反应与免疫抑制技术

器官移植之所以能够在临床上获得成功，原因在于克服了三个技术难题。

第一个技术难题是移植物的血液和营养供给难题。这个难题是在 20 世纪早期由法国外科医生亚历克西斯·卡雷尔（Alexis Carrel）开发的血管缝合技术解决的。卡雷尔使用无创小圆针和由凡士林润滑的极细的丝制缝合线，将血管末端像袖口一样向后翻起，随后将血管末端缝合。卡雷尔被誉为"血管缝合之父"，后来又从事了血管移植等工作。由于卡雷尔在血管缝合和移植领域的卓越贡献，他获得了 1912 年诺贝尔生理学或医学奖，当时他还不到四十岁。

第二个技术难题就是移植后发生的免疫排斥反应。科学家们开发了免疫抑制技术来对抗。

与人类器官移植后免疫排斥反应主要相关的是红细胞 ABO 血型抗原系统和人类白细胞抗原（Human leukocyte antigen，HLA）系统。为了避免或减少肾移植后发生的免疫排斥反应，提高移植肾长期存活率，肾移植前必须进行多种检查，包括血型配型、淋巴细胞毒试验、人类白细胞抗原系统检查等。

1900 年，奥地利科学家卡尔·兰德斯特纳（Karl Landsteiner）发现了 ABO 血型。人的血液中存在天然的 ABO 抗原的抗体。A 型血的人的红细胞上有 A 抗原，血液中有抗 B 抗体；B 型血的人的红细胞上有 B 抗原，血液中有抗 A 抗体；O 型血的人的红细胞上没有 A 抗原和 B 抗原，但血液中有抗 A 抗体和抗 B 抗体；而 AB 型血的人的红细胞上同时有 A 抗原和 B 抗原，血液中没有抗 A 抗体和抗 B 抗体。这些抗体不需要抗原刺激产生，因此称为天然抗体。所以，输血时若血型不合，比如 A 型血的人输入了 B 型血，那么输入的红细胞会发生凝集，引起血管阻塞和血管内溶血，导致患者死亡。

因为角膜并不接收直接的血液供给，所以角膜移植不需要考虑抗原抗体反应导致的免疫排斥反应，早在 20 世纪初期就获得了成功，并很快成为常规手术。斯里兰卡是世界上最大的角膜捐赠国，因此被称为"世界的眼睛"（见文后案例）。

如果是其他的器官，如肾脏、肝脏、心脏，被移植进入受体后，移植物作为一种"异己"成分，被免疫系统识别，即细胞表面的蛋白质作为抗原，使免疫系统产生抗体，就会出现免疫排斥反应。免疫排斥反应也叫宿主抗移植物反应（Host versus graft reaction，HVGR），是影响移植物长期存活的关键因素。根据发生的事件，免疫排斥反应可分为四类：超急性免疫排斥反应、加速性免疫排斥反应、急性免疫排斥反应和

慢性免疫排斥反应。预防和治疗免疫排斥反应的主要方法是组织配型和服用免疫抑制剂。

第一个 HLA 是 1958 年法国科学家让·多塞（Jean Dausset）发现的。HLA 分子的主要功能是作为载体，把异体抗原递呈给 T 淋巴细胞，启动免疫反应，清除异体成分。*HLA* 基因定位于第 6 条染色体上，可将整个 *HLA* 基因分为三类：*HLA* － Ⅰ 类基因主要与排斥反应相关，*HLA* － Ⅱ 类基因主要与免疫反应相关，*HLA* － Ⅲ 类基因主要与某些补体、细胞因子以及热休克蛋白等相关。HLA 分子的数量非常庞大，在无血缘关系的不同个体中，找到类型完全相同的 HLA 的概率非常低。因此接受过器官移植的患者，除同卵双生和发生免疫耐受的特殊案例外，均须终身服用免疫抑制剂。

三、器官保存技术

器官移植的第三个技术难题就是器官保存技术，这要求移植的及时性。移植物的质量是手术后长期存活的关键。早期的器官移植是在一个手术室里开展的，即器官捐献者和受捐者在同一个手术室或同一个医院的手术室里进行器官的捐献手术和移植手术。但需要器官的人越来越多，在本地找到配型相合的器官的可能性极低，所以器官移植有赖于多地合作。通常是一个城市的捐献者的器官，被取出后进行保存，运输到另外一个城市，再移植进入受体。如果中途没有得到妥善保存，器官质量就会下降，甚至丧失功能。

传统的器官静态冷保存技术（Static cold storage，SCS）指器官离体后放置在保存液里，在低温下进行运输和保存。冷缺血时间指从器官离开供体冷灌注（冷保存）到移植后供血开始的这段时间。不同器官耐受冷缺血时间的上限不同，肾脏约为 24 小时，肝脏约为 12 小时（理想时间在 8 小时以内），肺脏为 8~12 小时，心脏只有 6~8 小时（理想时间在 4 小时以内）。缺血时间越长，器官的质量及受体的预后越差，生存率越低。传统器官保存液如 Collins 液、威斯康星大学保存液，以及针对不同器官的专用保存液如肾脏灌注液 KPS－1 液、肺脏保存液 Steen 液等，被先后研发出来。静态冷保存技术是当前器官移植的标准保存技术，但会导致器官冷缺血损伤，且冷保存过程中无法有效评估器官功能。机械灌注（Machine perfusion，MP）器官保存技术包括常温机械灌注、亚常温机械灌注、低温机械灌注、低温携氧机械灌注。超低温保存等新技术也相继问世。离体灌注能在器官保存过程中清除代谢废物，提供器官代谢需求的基本物质，延长器官保存时间，改善器官质量，在保存过程中还能评估离体器官功能。该技术能提高器官质量，减少移植后相关并发症的发生。

第二节　器官移植的伦理争议

一、脑死亡

器官移植与脑死亡之间的利益纠葛一直是伦理争议的热点。1968年，哈佛大学医学院脑死亡定义审查特别委员会（The Ad Hoc Committee of the Harvard Medical School to Examine the Definition of Brain Death）在《美国医学会杂志》（*The Journal of the American Medical Association*）上发表了"脑死亡综合征"的定义和诊断标准，

随后被多个国家采用。

传统的死亡定义是"心脏死亡"和"呼吸死亡"。随着医学的进步，急救与重症监护技术发展很快。1947年，外科活塞呼吸机被发明；1954年，心脏除颤仪问世；1959年，第一个现代重症监护室建成；1962年，便携式除颤仪出现；1959年，皮埃尔·莫拉雷（Pierre Mollaret）和莫里斯·戈隆（Maurice Goulon）发表论文《不可逆性昏迷》（"Le coma dépassé"），报道了23名深度昏迷的病例，他们脑电图呈一条直线，尸检结果显示脑部大面积坏死，用神经学标准重新定义了死亡；1963年，施瓦布（Schwab）提出了著名的"临终三标准"，即无瞳孔反射、无脑电活动、对伤害性刺激无反应。

差不多同一时间，器官移植技术也在如火如荼地发展。1954年，首例肾移植手术在同卵双胞胎间进行。1963年，首例肝移植手术和首例肺移植手术进行。器官移植技术的进步呼唤更多的可供移植的器官，而这是极度稀缺的医疗资源。1966年，CIBA基金会组织了"医学进步的伦理学：器官移植"专题研讨会，与会人员讨论提出，要想取得最佳器官移植效果，应通过定义死亡来确定何时关闭呼吸机。

在这样的背景下，哈佛大学医学院脑死亡定义审查特别委员会在报告中这样陈述自己的目的："生命复苏和支持技术的改善使得挽救极重病患者成为可能。有时，这些努力并不尽成功，以至于有些患者虽然心脏仍然在跳动，但大脑和智力的损伤已经不可逆，给患者、家属、医院造成了巨大的负担。死亡定义标准的模糊，会引起器官移植的争议。"很明显，这个定义的诞生既有节约有限的医疗资源、保护器官移植技术的背景，也有保护意识不可能恢复的患者及其家属的背景。

按照哈佛大学医学院脑死亡定义审查特别委员会的定义和诊断标准，做出脑死亡的判断是一件相当专业的事。为了避免误解重新定义死亡是为了更容易获取器官，哈佛大学医学院的报告中有这样的描述："宣布死亡以及之后关闭呼吸机的决定，应当由与器官或组织移植无关的医生做出，这是为避免相关医生谋取自身利益的情况出现。"该定义和诊断标准一经提出，立刻受到了医学、哲学、神学、伦理学、法学等多领域专家的批评。哈佛大学医学院脑死亡定义审查特别委员会的学科构成、判断标准的技术问题都引起了很大争议，而最大的争议就在于脑死亡与器官移植的关系。

二、异种器官移植

可供移植的器官在世界各地都是极度稀缺的资源，捐献的器官数量远远达不到需求数量，很多患者在等待中死去。为了解决同种异体器官的稀缺问题，异种器官移植成为移植研究的热门领域。科学家们做出了很多尝试。2022 年 1 月 12 日，美国马里兰大学医学院将一颗基因改造过的"供体猪"的猪心移植到一位男性心脏病患者体内。若异种器官移植技术在临床上成熟并获得广泛应用，就能解决移植器官紧缺的问题，但异种器官移植也产生了非常多的争议。

首先，是伦理争议。最大的争议是：将异种器官移植入人体后，会不会改变人的身份和人体。持身体理论的人认为，人体的新陈代谢会不断吸收和排出一些物质，一定程度上异种器官是可以接收的。持大脑理论的人认为，只要不移植异种大脑，人的身份和人格就不会变化。而且确有报道，有人在心脏移植后性格和气质都改变了，那么异种器官移植会不会也有类似影响呢？这就会引起身份危机。

其次，是异种器官移植的动物供体的道德权利问题。有目的地对动物进行基因改造，降低免疫排斥反应的发生率，提高人体免疫吸收对异

种器官的耐受性，本质上是功利主义的。动物也能够感知痛苦，而且为了获取一只合乎移植要求的动物供体，到底需要培育多少备选动物供体，目前还是未知的。"不合格"的动物供体又该如何处理呢？

再次，是动物供体相关的安全性问题。异种器官移植会不会引起跨物种交叉感染呢？比如，很多人担心，动物体内潜伏的病毒可能进入人体并危害健康，甚至引起病毒大流行。如果动物供体内的病毒整合到人的基因组中，就可能遗传给后代，影响就更大了。因此，异种器官移植不仅是一个国家的问题，而且是整个世界的问题，必须用法律规范监管异种器官移植的生物安全性，切实保护患者和社会公众。比如，异种器官的准入制度、监督机制、违约和侵权责任等，都需要法律监管和保障。

因此，异种器官移植的发展很可能解决移植器官短缺的问题，但仍有很多相关伦理和法律问题有待探索。

第三节　我国的器官捐献与获取

一、我国器官捐献与获取的发展

20世纪60年代，我国器官移植奠基人裘法祖教授、夏穗生教授带领学生们开始开展器官移植动物实验，为我国临床器官移植打下实验基础。1972年，国内首例活体肾移植在广州中山大学附属第一医院成功开展。此后，肾移植、肝移植在国内逐渐发展起来。

2006年，《人体器官移植技术临床应用管理暂行规定》发布，相关部门组建了人体器官移植技术临床应用委员会（Organ Transplant Committee，OTC），并于同年在广州召开全国人体器官移植的临床应用和管理高峰会议，明确了器官移植既要符合中国的国情，又要符合全世界的公共伦理学的准则，拉开了我国器官移植改革的序幕。2007年3月，国务院颁布了《人体器官移植条例》，明确了器官捐献的来源和公民捐献器官的权利，确定由原国家卫生部与中国红十字会承担我国器官捐献与移植的行政管理。2009年，《关于境外人员申请人体器官移植有关问题的通知》发布，移植旅游被严格禁止。2011年5月，《中华人民共和国刑法修正案（八）》施行，增加刑事罪名"器官买卖罪"，严厉打击器官买卖。

器官来源一直是器官移植的瓶颈，2010年我国人体器官捐献工作启动试点，成立了人体器官捐献工作委员会（China Organ Donation Committee，CODC）。随后，原国家卫生部和中国红十字会联合发布了三十多个器官捐献相关配套文件。2013年2月25日，我国全面启动公民逝世后器官资源捐献工作，后续出台了《人体捐献器官获取与分配管理规定（试行）》，确保符合伦理学的器官来源，严格遵守公民逝世后器官资源捐献的中国三类标准，即脑死亡、心死亡、心脑双死亡，建立了完整的器官获取组织（Organ Procurement Organization，OPO），以及人体器官捐献专业协调、社工协调队伍，严格使用中国人体器官分配与共享计算机系统（China organ transplant response system，COTRS）进行器官分配。

中国红十字会在此过程中发挥宣传动员、报名登记、捐献见证、缅怀纪念、救助激励等作用。我国坚持公开、公正、透明、可溯源的器官获取与分配，坚持器官捐献的无偿、自愿、爱心奉献，荣誉表彰捐献者家庭，并进行合情、合理、合法的人道主义救助。2014年3月，中华医学会器官移植大会在杭州召开，与会的 38 个大移植中心签署了移植医疗机构协约。同年，OTC 与 CODC 合并，成立中国器官捐献与移植委员会，负责我国器官捐献与移植事业的顶层设计，制定具体措施方案，推进器官移植改革。同年，中国 OPO 联盟也成立了，开始规范器官获取和严格使用 COTRS 进行器官分配。

我国器官移植事业的进步获得了国际移植界的认可。中国器官捐献与移植委员会专家组于 2014 年在《中华医学杂志》上以中英文发表"依法治国，推进中国器官移植事业改革"的论文，介绍了我国政府推进器官移植改革的历程。2014 年 12 月 3 日，中国 OPO 联盟会议在昆明召开，中国人体器官捐献与移植委员会宣布，要求全国 169 家器官移植医院全面停止使用死囚器官，获得了国内外广泛赞誉。2015 年又在《肝移植》（*Liver Transplantation*）杂志上发表论文"Voluntary Organ Donation System Adapted to Chinese Cultural Values and Social Reality"，向国际移植界介绍中国器官移植事业改革的方向和前景。2015 年 10 月，全球器官捐献移植大会理事会全票通过决议，中国正式加入国际器官移植大家庭。器官捐献与移植的"中国模式"获得了国际器官捐献与移植学界的支持和赞誉，正在走向世界。自 2016 年起，每年都举办中国－国际器官捐献大会，2022 年第六届中国－国际器官捐献大会暨"一带一路"器官捐献与移植国际合作发展论坛以线上会议的形式在北京召开。大会以"推进器官捐献事业高质量发展，构建人类卫生健康共同体"为主题，以国际化开放、多维度共享世界器官捐献与移植经验，落实 2019 年"'一带一路'器官捐献与移植合作发展昆明共识"精神，推进"一带一路"国家器官移植深度交流与广泛合作。

二、我国器官捐献与获取的现状

我国器官移植
现状

2022年6月11日，第六个"中国器官捐献主题活动日"在北京举行，《中国器官移植发展报告（2020）》正式发布。让我们一起通过这个报告来了解我国器官捐献与获取的现状吧。

自2015年1月1日起，公民自愿器官捐献成为我国器官移植唯一合法来源，我国器官捐献与获取事业取得重大进步。2015—2020年，我国公民逝世后器官捐献累计完成29334例，中国公民逝世后器官捐献每百万人口器官捐献率从2015年的2.01上升至2019年的4.16，器官捐献、移植数量两项指标均居世界第二位。

2020年，我国具有器官移植资质的医院有180家，全国器官获取组织113个，公民逝世后器官捐献5222例，器官移植手术完成17897例，其中2020年公民逝世后器官捐献量前五位的省份地区依次为广东、北京、山东、湖南和广西。

新冠疫情防控期间，我国器官捐献与移植事业仍保持稳定发展，2020年除器官捐献与移植数量增加外，我国器官移植医疗质量水平也不断提升。同时，脑死亡来源器官捐献者占比明显提升，心脏和肺脏器官捐献数量增加，术后存活率已步入世界先进水平。

2020年，每位捐献者平均捐献器官3.14个，平均捐献肝脏器官数0.94个、肾脏器官数1.90个、心脏器官数0.11个、肺脏器官数0.18个。但是目前，我国与国际先进器官捐献国家的每百万人口器官捐献率还有较大的差距，器官捐献理念宣传工作和人体器官捐献协调员队伍建设工作都还有提高的空间。

我国移植手术和围手术期管理临床经验相当成熟，尤其较大移植中心脏移植手术疗效已达国际先进水平。2015—2020 年我国公民逝世后器官捐献肝移植受者术后 1 年、3 年累计生存率分别为 83.6%、74.9%，亲属间活体肝移植受者术后 1 年、3 年累计生存率分别为 91.8%、88.7%。由于我国重症患者的比例较高，手术具有较大的挑战，生存率与国际先进水平还有差距。

我国肾移植手术的数量地区之间、各移植中心之间差异较大，与手术技术发展、人口基数及宣传工作等有关。2020 年我国公民逝世后器官捐献肾移植的 3 年移植受者/移植物生存率为 96.8%/93.2%，亲属间活体肾移植的 3 年移植受者/移植物生存率为 98.8%/96.8%，得益于近年来持续开展的肾移植质量提升计划。

2015—2020 年我国心脏移植术后 30 天、术后 1 年和术后 3 年的生存率分别为 92.6%、85.3%和 80.4%，已达国际水平。

《中国器官移植发展报告（2020）》中首次增加"中国器官移植技术进展与创新"章节，包括自体肝移植、无缺血器官移植等技术实现国际领跑，供受者血型不相容肾脏移植技术得到突破，单中心儿童肝移植、心脏移植、肺脏移植临床服务能力居世界前列，器官保存与供体器官维护技术不断改进。

中国人体器官捐献与移植委员会主任委员黄洁夫表示，要从三方面推动中国器官捐献与移植事业从高速发展向高质量发展迈进：一是进一步推进器官捐献，以满足移植需求；二是加快修订完善 2007 年出台的《人体器官移植条例》，对公民逝世后自愿器官捐献赋予完整法律论述；三是要依据《中华人民共和国民法典》规定的"禁止器官买卖行为"，加大监管力度。

中国人体器官捐献和移植的五大工作体系包括人体器官捐献体系、人体器官获取与分配体系、人体器官移植临床服务体系、人体器官移植质控体系和人体器官捐献与移植监管体系。2013 年 8 月，国家卫生和计划生育委员会出台《人体捐献器官获取与分配管理规定（试行）》，首次明确严格使用 COTRS 实施器官分配。我国人体器官分配与共享政策遵循诸多国际医学共识，包括区域有限原则、病情危重优先原则、组织配型优先原则、儿童匹配优先原则、血型相同优先原则、器官捐献者直系亲属优先原则、稀有机会优先原则、等待顺序优先原则等。目前，我国已实现了科学、公平、公正的器官分配。

1 位器官捐献者最多可让 11 人获得新生。2022 年中国器官移植发展基金会和 360 公益共同发起的一项调研显示，九成参与者愿意成为器官捐献志愿者，大多数是"00 后"。其中更有 80％的人通过互动调研小程序进入器官捐献志愿者服务网"施予受"进行登记。

三、生死之间的摆渡人——人体器官捐献协调员

人体器官捐献大致有八个步骤：报名登记、捐献评估、捐献确认、器官获取、人道救助、缅怀纪念、遗体处理及器官分配。每个步骤都离不开人体器官捐献协调员（以下简称协调员）的亲身参与。2015 年，全国器官捐献管理中心开始组建协调员队伍。最开始，这支队伍大多是由医生和护士组成的。2021 年，《人体器官捐献协调员管理办法》发布，协调员转为红十字会志愿者，所有的协调员都在红十字会里产生。协调员的定义是："经红十字会认定的参与人体器官捐献的宣传动员、现场认证、信息采集报告等工作并协助完成人体器官捐献其他事务的人员。"除上述工作，协调员还要参与潜在捐献者发现与评估、器官维护、脑死亡判定、人道关怀、后事料理、缅怀纪念甚至工伤认定等法律纠纷，因此除了医学知识，协调员需要掌握沟通技巧、心理学甚至法律知

识。而且，他们的工作必须在很紧迫的情况下进行。器官捐献的黄金时间是患者发病后 72 小时，多数器官摘取的黄金时间在心脏停止跳动的 2~5 分钟，之后器官就会产生不可逆的损伤。所以医学上认定潜在捐献者无法救治、处于不可逆的脑损伤甚至脑死亡状态时，立即开始协调捐献。

协调员本身的器官捐献意识普遍高于大众，这种意愿更具有说服力，对捐献协调有促进作用。此外，提高器官捐献协调员的专业知识水平，加强其对捐献程序的认知，增强其职业认同、胜任力和积极性，才能提升公民器官捐献率。

讨论与展望

1. 你身边有人捐献过器官吗？或者接受过别人捐赠的器官吗？你对器官移植的看法是什么？

2. 如果你的亲人希望死后捐赠器官，你会同意吗？为什么？

3. 你对异种器官移植有什么看法？

4. 你认为异种器官移植的哪些方面应该受到监管？为什么？

【案例】斯里兰卡国际眼库

斯里兰卡是坐落在印度洋上的一个岛国，盛产红茶和宝石。截至 2021 年，斯里兰卡总人口两千万左右，却有超过 130 万人的志愿者登记捐献眼角膜。而且，斯里兰卡的每一届总统都是眼角膜捐献的志愿者。截至 2019 年，斯里兰卡已经累计向全球五十多个国家捐献七万多枚眼角膜，超过十五万盲人因之得以重见光明！斯里兰卡是世界上最大的眼角膜捐献国，所

斯里兰卡
国际眼库

以被称为"世界的眼睛"。

20世纪50年代以前，被判处绞刑的死囚是斯里兰卡角膜移植的唯一来源，这一来源相当稀少。1956年，斯里兰卡政府废除死刑，这唯一的来源也断绝了。改变这一切的，是眼科大夫赫德森·席尔瓦（Hudson Silva）博士。席尔瓦博士出生在一个木匠家庭，他的父亲靠制作木质家具维持一家人的生活。席尔瓦博士在贫寒的生活中，目睹了穷人在遇到疾病时的痛苦和无奈，立志成为一名医生。但席尔瓦博士的父亲并没有足够的经济实力送他读大学。最后，他在一位教师的资助下，终于进入科伦坡大学攻读医学专业。看到大量患者因为缺乏眼角膜而无法得到医治，席尔瓦博士万分痛苦。1958年1月19日，他在报纸上发表了著名的文章《人死眼犹生》（"Life to Dead Eye"）。生命会逝去，但眼睛可以在他人身上重生，让他人重见光明，呼吁国民捐献眼角膜。他和他的母亲、妻子在文中表示，将自愿捐出眼角膜。席尔瓦博士的母亲带头签署了身后捐献眼角膜的志愿书。这句动人的承诺和真实行动极大地启迪和鼓舞了大众，成千上万的志愿者响应，承诺身后捐献眼角膜。

1960年，席尔瓦博士的母亲去世，如承诺一般，捐出了自己的眼角膜。席尔瓦博士将母亲的眼角膜移植给了一位贫苦农民。这位贫苦农民重见光明，席尔瓦博士也赢得了斯里兰卡人民的心。越来越多的人加入捐献眼角膜的队伍中。1961年席尔瓦博士在斯里兰卡科伦坡先后成立了斯里兰卡国际眼库和人体组织库，1964年成立了斯里兰卡眼捐献协会，后来又成立了赫德森·席尔瓦眼科医院。这些组织成为斯里兰卡最重要的眼角膜捐献途径。

众所周知，斯里兰卡是一个热带国家，刚摘下的眼角膜必须及时处理和妥善保存，才能用于移植。斯里兰卡国际眼库在斯里兰卡6.5万平方公里的国土上成立了 450 多个联络处，大量医生参与联络处的工作，确保在逝者去世后 4 个小时内，完成意愿询问、捐献签署、球体摘取工作，并第一时间送达眼库。在轻轻地摘取眼球并小心放入小瓶中妥善保存后，这些医生还会把两个小圆球放进捐献者的眼眶，保证捐献者面容不会塌陷，充分尊重捐献者。眼球被送到国际眼库后，工作人员继续对角膜进行专业处理，从眼球上分离角膜，切成指甲大小，再根据运送距离的远近，放进装着不同药水的玻璃瓶内。这些角膜会先冷藏，然后尽快运往需要他们并焦急等待着他们的患者身边。

由于捐献的眼角膜很快就超过了斯里兰卡国内的需要，1964 年，协会开始向国外赠送眼角膜。1964 年 5 月，第一批眼角膜寄往新加坡。现在斯里兰卡眼库的眼角膜已经遍布五大洲一百多个城市。1999 年 10 月，席尔瓦博士逝世，但他开启的事业逐渐成为全民善行。

2022 年 1 月国家卫生健康委员会印发的《"十四五"全国眼健康规划（2021—2025 年）》指出："我国主要致盲性眼病由传染性眼病转变为以白内障、近视性视网膜病变、青光眼、角膜病、糖尿病视网膜病变等为主的眼病。""聚焦近视等屈光不正、白内障、眼底病、青光眼、角膜盲等重点眼病。"因此，角膜病依然是主要致盲性眼病，是关注的重点。2007 年 2 月，时任斯里兰卡总统抵达北京，向中国人民赠送了一份珍贵的"国礼"——两枚眼角膜。此后，越来越多的眼角膜从斯里兰卡来到中国，为眼疾患者带来光明。2013 年，斯里兰卡国际眼库与四川成都的一家眼科医院签署协议，在未来十年中，每年至少向四川捐献 500 枚眼角膜。2015 年 2 月 11 日，10 枚来自斯里兰卡国际眼库的眼角膜搭乘国航班机从科伦坡顺利抵达成都，标志着斯里兰卡－中国首个眼角膜捐赠国际快速通道开通。2016 年，山东与斯里兰卡眼角膜捐献合作机制启动，自 2017 年开始，斯里兰卡每年捐赠给山东 500～600 枚眼角膜。迄今，斯里兰卡已经与中国多个城市的眼科医院签署合作备忘录，包括北京、上海、天津、成都、西安、哈尔滨、海口等多个城市。

参考文献

[1] 格瑞高锐·E. 潘斯，石大璞，喻琳. 医学伦理精典案例——医学伦理、哲学的、法律的及其历史背景的案因分析——克里斯蒂安·伯纳德（Christiaan Barnard）的首例心脏移植手术［J］. 中国医学伦理学，1996（3）：62－64.

[2] 中国肝脏移植注册中心，国家肝脏移植质控中心，国家人体捐献器官获取质控中心，等. 中国移植器官保护专家共识（2022版）［J］. 武汉大学学报（医学版），2022，43（3）：345－359.

[3] 苏静静. 哈佛脑死亡定义与标准的历史探源［J］. 北京航空航天大学学报（社会科学版），2022，35（1）：58－68.

[4] 王琼. 异种移植的伦理法律问题探析［J］. 医学与哲学，2017，38（23）：62－65.

[5] 吴乐倩，孔祥金. 异种器官移植技术中的伦理问题面面观［J］. 医学与哲学，2023，44（5）：31－35.

[6] 黄洁夫，李焯辉，郭志勇，等. 中国器官捐献的发展历程［J/OL］. 中华重症医学电子杂志（网络版），2017，3（2）：81－84.

[7] 黄洁夫，王海波，郑树森，等. 依法治国，推进中国器官移植事业改革［J］. 中华医学杂志，2014，94（48）：3793－3795.

[8] HUANG JF, WANG HB, ZHENG SS, et al. Advances in China's organ transplantation achieved with the guidance of law［J］. Chinese Medical Journal (Engl)，2015，128（2）：143－146.

[9] HUANG JF, MILLIS JM, MAO Y, et al. Voluntary organ donation system adapted to Chinese cultural values and social reality［J］. Liver Transplantation，2015，21（4）：419－422.

［10］侯晓丽，国航，任敬，等. 器官捐献协调员劝捐协调现状及影响因素研究
［J］. 器官移植，2023，14（1）：120－127.

［11］午建全，魏琴. 基于文献计量学的国内外人体器官捐献协调员研究现状分析
与展望［J］. 器官移植，2022，13（6）：783－790.

［12］邱仁宗. 生命伦理学［M］. 增订版. 北京：中国人民大学出版社，2020.

第七讲

打开天书之后

——基因编辑与辅助生殖技术

第一节 基因编辑

一、基因的发现之旅

从山巅美丽的花朵，到海洋中游动的水母，从肉眼不可见的细菌，到万物之灵的人，生物的多样性是如此神秘而又引人入胜。决定生物的遗传物质究竟是什么呢？这段发现史十分漫长。

从 1665 年英国物理学家罗伯特·胡克（Robert Hooke）发现细胞，到 1836 年瓦朗丁（Valentin）在结缔组织细胞核内发现核仁，人类花费了 170 年左右的时间终于弄清了细胞的基本结构。1836—1839 年，德国植物学家马蒂亚斯·施莱登（Matthias Schleiden）和动物学家西奥多·施旺（Theodor Schwann）首次提出细胞学说。他们提出，细胞是动植物结构和生命活动的基本单位。1858 年，德国科学家鲁道夫·魏尔肖（Rudolf Virchow）提出，细胞通过分裂产生新的细胞，进一步完善了细胞学说。

1865 年，格雷戈尔·孟德尔（Gregor Mendel）用豌豆进行了系列设计精妙的杂交实验，提出了"遗传因子"（Hereditary）的概念。每个遗传因子决定一种特定的性状，体细胞中的遗传因子是成对存在的，控制同一性状遗传因子组成不同的个体是杂合子，控制同一性状遗传因子组成相同的个体是纯合子。生物体的生殖细胞，即配子，仅含有每对遗传因子中的一个。受精时，雌雄配子的结合是随机的。孟德尔虽然还不知道遗传物质是什么，就总结了基因分离定律和基因自由组合定律。

但由于这两大定律太过于超前，当时并没有人能理解。

随着显微镜技术的发展和更多人工染色剂的出现，科学家们得以观察到细胞核中的遗传物质。德国植物学家华尔瑟·弗莱明（Walther Flemming）观察到红色染料被细胞核中颗粒状结构大量吸收，将这些结构命名为染色质（Chromatin）。1888 年，沃尔德耶（Waldeyer）对分裂过程中的蝾螈幼虫细胞进行染色，发现染色质合并成线状结构，命名为染色体（Chromosome）。1903 年，萨顿（Sutton）提出遗传的染色体学说，认为染色体是遗传信息的载体，是遗传的物质基础。

1869 年，瑞士医生弗雷德里希·米歇尔（Friedrich Miescher）在研究伤口脓细胞化学成分过程中发现了一种源于细胞核但并非任何已知蛋白质的物质，将其命名为核素（Nuclein）。随后，核素因其含有大量的磷酸基团，被称为核酸。1880—1900 年，德国生物化学家阿尔布雷希特·科塞尔（Albrecht Kossel）发现核酸的主要成分是五个碱基：腺嘌呤（Adenine，简写为 A）、鸟嘌呤（Guanine，简写为 G）、胸腺嘧啶（Thymine，简写为 T）、胞嘧啶（Cytosine，简写为 C）和尿嘧啶（Uracil，简写为 U）。科塞尔因为这个重大发现获得了 1910 年的诺贝尔生理学或医学奖。20 世纪初，菲巴斯·莱文（Phoebus Levene）确定了核糖及其近亲脱氧核糖核酸，并确定了以核苷酸连接为基础的核酸一级结构：DNA，即脱氧核糖核酸，由 A、G、C、T 四种核苷酸连接而成；RNA，即核糖核酸，由 A、G、C、U 四种核苷酸连接而成。当时的科学家误以为 DNA 链中各种核苷酸的含量相同，单调而重复，不大可能成为信息载体。

1923 年，德国科学家福尔根（Feulgen）使用显色法确定了 DNA 在多种动植物组织和细胞中的定位，证实 DNA 存在于动植物细胞的细胞核中。1942 年，比利时科学家珍妮·布拉切特（Jean Brachet）用染色法证明 DNA 存在于细胞核的染色体上、RNA 存在于动物细胞质与核仁中。此时已经确定了 DNA 位于染色体上，但染色体上能检测到 DNA、RNA 和蛋白质，并不能据此确定 DNA 是遗传物质。而且由于蛋白质结构的复杂性远超 DNA 或 RNA，且功能多样，科学家们倾向于认为蛋白质较 DNA 或 RNA 携带更多的遗传信息，是遗传物质。1926 年，托马斯·摩尔根（Thomas Morgan）出版的《基因论》（*The Theory of the Gene*）把细胞学和遗传学结合起来，诞生了细胞遗传学。

1928 年，英国科学家弗里德里克·格里菲斯（Frederick Griffith）在研究肺炎链球菌的过程中，发现了不同型的肺炎链球菌间的转化现象。美国科学家奥斯瓦尔德·艾弗里（Oswald Avery）、科林·麦克劳德（Colin MacLeod）和麦克林·麦卡蒂（Maclyn McCarty）研究转化的物质基础，于 1944 年共同发文，提出 DNA 是改变细菌可遗传特性的转化因子。但当时的科学家认为很难排除 DNA 之外完全没有蛋白质，后续的研究终于证实了 DNA 的转化活性，证明 DNA 有特异性，且发现转化活性不局限于特定细菌的特定性状，且转化后的性状可在代间遗传。美国生化学家埃尔文·查戈夫（Erwin Chargaff）发现不同 DNA 片段中的 A、G、C、T 含量不同，因此 DNA 链中的核苷酸并非单调排列。他还发现，多种来源的 DNA 中常常 A：T=1：1、G：C=1：1，尽管不能确定这是不是真的规律，但还是为发现 DNA 双螺旋两条链的碱基配对原则打下了基础。1950 年，美国科学家艾尔弗雷德·赫尔希（Alfred Hershey）和玛莎·蔡斯（Martha Chase）用放射性同位素开展了噬菌体相关研究，为 DNA 而非蛋白质是遗传物质提供了有力的证据。

DNA 是遗传物质的概念鼓舞了科学家在这个领域继续奋进。1953 年，詹姆斯·沃森（James Watson）和弗朗西斯·克里克（Francis

Crick）基于罗莎琳德·富兰克林（Rosalind Franklin）和莫里斯·威尔金斯（Maurice Wilkins）对 DNA 进行 X 射线衍射的研究和讨论，最终确定了 DNA 分子的 3D 结构，提出 DNA 结构的双螺旋模型（见文后知识点 1），提出了碱基配对（解释了 A∶T=1∶1、G∶C=1∶1的原因），并提出了 DNA 复制的机理假说。沃森、克里克和威尔金斯也因此获得 1962 年的诺贝尔生理学或医学奖。

基因的英文是"Gene"，是开始、生育的意思。基因是什么呢？DNA 只有 4 种碱基，但是蛋白质是由 20 种氨基酸连接而成的。4 种碱基如何决定 20 种氨基酸呢？1944 年，量子物理学家埃尔温·薛定谔（Erwin Schrödinger）出版的《生命是什么》（*What is Life*）提出遗传密码的思想，认为莫尔斯电码仅凭点和划两种符号，通过排列组合就能产生几十种代号，基因也可以按照类似方式进行编码。1954 年，物理学家乔治·伽莫夫（George Gamow）提出，DNA 的 4 种碱基可能就是基本的密码符号，2 种碱基的排列组合最多只有 16 种可能性，而 3 种碱基的排列组合有 64 种可能性，这就是三联体密码假说。他进一步提出假设，有些氨基酸可以对应几种密码序列。1959 年，克里克发表声明，支持伽莫夫的三联体密码假说，并提出中心法则：DNA 通过信使 RNA 把遗传信息由细胞核传递到细胞质，在细胞质中决定蛋白质的合成。中心法则很快得到了实验证实，大胆的三联体密码假说也在 1961 年得到证实，马歇尔·沃伦·尼伦伯格（Marshall Warren Nirenberg）和马太（Heinrich Matthaei）使用三联体密码合成了由苯丙氨酸组成的长链。1966 年，64 种遗传密码的含义全部解出，形成"密码词典"。

因此，基因就是 DNA 序列片段，细胞核中所有 DNA 的完整序列被称为"基因组"（Genome）。人类有 23 对染色体，包含由 30 亿个碱基对组成的约 2.5 万个基因。章鱼含有约 3.3 万个基因。植物的基因数量通常比动物多，水稻有 5 万以上基因，小麦是多倍体，基因数量更多。目前已知基因数量最多的物种是日本重楼，其是具有 40 条染色体的八倍体植物，含有约 1490 亿个碱基对组成的约 125 万个基因——数量约是人类的 50 倍。目前世界上基因最少的物种是一种存在于实验室中的细菌，仅含有生存和繁殖必需的 473 个基因。

二、基因编辑技术概述

人类的秘密大都隐藏在由 30 亿个 DNA 碱基对组成的约 2.5 万个基因中。如果基因出现错误，就可能出现严重后果，比如遗传性疾病。分子生物学的飞速发展使人类对基因的奥秘有越来越多的了解，基因编辑（Gene editing）技术应运而生。基因编辑技术指利用核酸酶等对 DNA 链进行剪切，移除或插入 DNA 片段，特异性改变基因序列的技术。基因编辑技术类似于一把“魔剪”，可以人为修饰宿主细胞 DNA 序列，对特定目的基因片段进行编辑，从而改变宿主细胞的基因型。

1996 年，第一代基因编辑技术——经基因工程改造的锌指核酸酶（Zinc finger nucleases，ZFNs）问世；2009 年，第二代基因编辑技术——类转录激活因子效应物核酸酶（Transcription－like activator effector nucleases，TALENs）开发成功；2012 年，科学家报道了来自细菌免疫系统的 CRISPR 可以作为有力的基因编辑工具（见文后知识点 2）；2016 年，全球首个 CRISPR 疗法人体试验在四川大学华西医院开展，本试验采用体外基因编辑方式，证实使用 CRISPR－Cas9 编辑的 T 细胞在临床上治疗晚期肺癌等疾病安全可行；2021 年，国际顶尖医学期刊《新英格兰医学杂志》（*The New England Journal of Medicine*）在线刊登了题为 “CRISPR－Cas9 In Vivo Gene Editing for

Transthyretin Amyloidosis"的文章，汇报了首个进行体内 CRISPR 基因编辑疗法的临床试验结果，直接把 CRISPR 组分注射进入患者体内，在体内进行基因编辑，成功治疗一种罕见的常染色体显性遗传病——遗传性转甲状腺素淀粉样变性（hATTR）。该研究为许多遗传性疾病的治疗提供了全新的策略和方向，被誉为"开启了医学新时代"。

目前基因编辑的主要治疗领域是肿瘤和罕见病。在肿瘤的细胞治疗中，科学家们希望利用 CRISPR 技术敲除内源性 T 细胞受体和表面的人类白细胞抗原，优化嵌合抗原受体（CAR）的表达，开发出抗肿瘤效果增强的通用型嵌合抗原受体 T 细胞治疗（CAR－T）。目前全球确认的罕见病约 7000 种，其中 80％左右是由基因缺陷导致，大部分罕见病没有治疗药物。基因编辑目前在血液病如地中海贫血、镰状细胞贫血，以及眼科疾病如视网膜色素变性、Leber 先天性黑矇、先天性静止性夜盲中有很广泛的应用。

三、体细胞、生殖细胞与基因编辑

细胞是人体的结构和功能单位，人体有 40 万亿至 60 万亿个细胞。这些细胞中绝大部分是体细胞，极少部分是生殖细胞。

体细胞含有 23 对染色体（血液中某些不含细胞核的细胞除外），构成人体的上皮组织、结缔组织、肌肉组织和神经组织，平均直径在 $10 \sim 20 \mu m$。

生殖细胞指精细胞、精原细胞、卵细胞、卵原细胞等，含有 23 条染色体，即体细胞的一半，成熟的卵细胞是人体最大的细胞，直径稍大于 0.1mm。

对体细胞的基因编辑一般不会遗传给后代，因此在监管下可以依法依规开展。但生殖细胞有遗传和扩散的特征，对生殖细胞的基因编辑会遗传给后代，且基因编辑具有不可逆性，因此对生殖细胞的基因编辑的具体影响实在难以预测，这也是超出传统伦理范围的新问题。

第二节　辅助生殖技术

辅助生殖技术

一、辅助生殖技术概况

根据 WHO 的调查，2015 年发展中国家不孕夫妇超过 7200 万。2016 年的报告显示，美国的不孕不育症患病率为 9%～18%。我国各地区育龄女性不孕症发生率不同，近年来呈上升趋势。因此，辅助生殖技术的重要性越来越显著。

辅助生殖技术指运用医学技术和方法代替自然的人类生殖过程的某一步骤或全部步骤，对配子、合子或胚胎进行人工操作，以受孕为目的的技术。常用辅助生殖技术包括人工授精、体外受精－胚胎移植、卵胞浆内单精子注射、胚胎植入前的遗传诊断、冷冻保存等技术。

1. 人工授精

人工授精指收集丈夫或自愿捐精者的精液，由医生注入女性生殖道，以达到受孕的目的。1799 年，英国外科医生约翰·亨特（John Hunter）用海绵法成功实现人工授精，为人类最早实施的人工授精技术。根据精液来源，人工授精可分为夫精人工授精和异源人工授精。夫精人工授精指采用丈夫的精液进行的人工授精。如果丈夫的精液质量不

佳，就只能采用自愿捐精者的精液进行人工授精。

2. 体外受精－胚胎移植

体外受精往往与胚胎移植一起使用，指用人工方法将精子和卵子在体外受精形成胚胎，发育至一定阶段植入母体子宫内，再进一步发育直至诞生。通过这种方式诞生的婴儿常被称为试管婴儿，而实际上他们并不是在试管中受精形成胚胎，而是在培养皿中形成胚胎的。1978年7月25日，世界上第一例试管婴儿——路易斯·布朗（Louis Brown）在英国曼彻斯特诞生。她是一名健康的女婴，她的母亲因为严重的输卵管阻塞，尝试了九年都不能自然受孕，在罗伯特·爱德华兹（Robert Edwards）教授的人工授精手术后，她的母亲终于怀孕，并生下了这个可爱的金发女宝宝。2010年，爱德华兹教授获得了诺贝尔生理学或医学奖，因为他"领导了从基础性发现到今天成功的体外受精治疗的全过程，一个全新医学领域诞生了，他的贡献代表了现代医学发展的一个里程碑"。布朗的身体十分健康，后来自然受孕生下一对双胞胎男宝宝。目前采用试管婴儿技术出生的人约有四百五十万。

3. 卵胞浆内单精子注射

卵胞浆内单精子注射是所谓的第二代试管婴儿技术，即通过显微操作，将单条精子直接注射进卵细胞内使其受精，显微注射前精子无需发生顶体反应，对精子浓度、活动度等参数要求低，仅需数条精子就可获得较高的受精率和胚胎移植率，能帮助严重的少精症、梗阻性无精子症、生精功能障碍、精子无顶体或顶体功能异常的患者拥有自己的宝宝。

4. 胚胎植入前的遗传诊断

胚胎植入前的遗传诊断（Preimplantation genetic diagnosis，PGD）

是所谓的第三代试管婴儿技术，对体外受精获得的胚胎进行基因检测，筛选出无遗传突变的胚胎移植到母亲的子宫，防止遗传性疾病。目前通过该技术可检测出上百种遗传性疾病，如血友病、克尼格征、苯丙酮尿症、软骨发育不全等，对优生发挥越来越重要的作用。该技术为不愿意终止妊娠的遗传性疾病患者提供选择手段，达到优生优育的目的。值得注意的是，该技术主要用于筛查遗传性疾病，不用于确定性别。我国严格禁止任何形式的非医学需要的性别选择。

5. 冷冻保存

冷冻保存包括精液冷冻、卵子冷冻、组织和胚胎冷冻。这种方法可用于生育力保存，即将目前不能妊娠或暂时没有生育要求的患者的卵子、精子、胚胎、卵巢组织等用超低温冷冻，将其暂时保存，等患者有妊娠需要时再行复苏，帮助患者获取其血亲后代。此方法可以帮助接受放化疗的恶性肿瘤患者、患有影响卵巢功能的良性疾病或年龄相关的卵巢功能下降者保存生育能力。1986 年，我国第一座人类精子库在青岛医学院建成。2016 年 9 月，华南地区首个生育力保存库在中山大学附属第六医院生殖医学中心建成，肿瘤患者或面临卵巢功能下降的女性，可以冷冻部分卵巢组织，等治好疾病需要生育时，复苏卵巢组织植入自己体内，就可恢复生育能力。2019 年，湖北省生育力保存中心获得湖北省卫生健康委员会批准创建，同年 9 月正式揭牌。2020 年 8 月，四川省人类生育力保存质量管理中心正式落户四川大学华西第二医院。生育力保存库的发展使更多人可以受益。

二、辅助生殖技术的医保

2022 年 2 月，北京市医保局、北京市卫生健康委员会、北京市人社局三部门联合发布《关于规范调整部分医疗服务价格项目的通知》，将门诊治疗中常见的 16 项辅助生殖技术项目纳入医保甲类报销范围，于 2022 年 3 月 26 日起执行。这是全国首个将辅助生殖技术项目纳入医保的地区，引领辅助生殖服务从"无医可保"进入"医保支付"时代，对缓解不孕不育家庭的经济压力具有重要意义。2022 年 8 月，国家卫生健康委员会、国家医保局等 17 部门印发《关于进一步完善和落实积极生育支持措施的指导意见》，提出要指导地方综合考虑医保（含生育保险）基金可承受能力、相关技术规范性等因素，逐步将适宜的分娩镇痛和辅助生殖技术项目纳入基金支付范围，并鼓励中医医院开设优生优育门诊，提供不孕不育诊疗服务。

第三节　基因编辑与辅助生殖技术伦理问题及监管

一、基因编辑的相关热点伦理问题及监管

基因编辑技术已经成功用于编辑细胞系、原代细胞、动物和植物的基因组，极大地促进了生物学相关基础研究的进展，也使合成生物技术产生重大突破。目前在临床治疗方面也有不少应用。首先是单基因遗传病。大多数疾病的成因都比较复杂，但是有些遗传病是由单基因位点突变引起的，如亨廷顿舞蹈症、镰状细胞贫血、进行性假肢肥大肌营养不良等。已有科学家采用基因编辑治疗镰状细胞贫血。移出患者体内的造血干细胞，在体外对其进行基因编辑以纠正其表达，再重新输入患者体

内，编辑过的造血干细胞就可产生健康的红细胞。基因编辑在多种疾病中都取得了良好的疗效，但是目前所有的基因疗法都是针对体细胞的基因编辑，仅仅作用于接受治疗的患者本人。一旦将基因编辑用于生殖细胞，和辅助生殖技术结合在一起，被编辑的基因就会遗传给后代，其危害性和潜在影响不可小觑。

人类生殖细胞基因编辑技术指对精子、卵细胞、胚胎的基因进行编辑，引入可遗传性突变的技术。2018 年的"非法基因编辑婴儿"事件（见文后案例）更是让世界哗然。这些基因编辑婴儿会面临什么样的风险尚不清楚。对于在人类生殖细胞中进行基因编辑，目前尚无可信的医学原理的支持和临床安全性证据，更没有符合伦理要求的正当理由和透明的公共过程，当然不能用于临床。2020 年 12 月 26 日，《中华人民共和国刑法修正案（十一）》正式通过。在刑法第三百三十六条后增加一条，作为第三百三十六条之一："将基因编辑、克隆的人类胚胎植入人体或者动物体内，或者将基因编辑、克隆的动物胚胎植入人体内，情节严重的，处三年以下有期徒刑或者拘役，并处罚金；情节特别严重的，处三年以上七年以下有期徒刑，并处罚金。"2022 年 3 月，《关于加强科技伦理治理的意见》发布，这是我国首个国家层面的科技伦理治理指导性文件，提出"伦理先行、依法依规、敏捷治理、立足国情、开放合作"的科技伦理治理五项基本要求，更明确了"增进人类福祉、尊重生命权利、坚持公平公正、合理控制风险、保持公开透明"的科技伦理原则。科技伦理治理的重点包括基因编辑技术、人工智能技术、辅助生殖技术等。《关于加强科技伦理治理的意见》划定了"红线"和"底线"："任何单位、组织和个人开展科技活动不得危害社会安全、公共安全、生物安全和生态安全，不得侵害人的生命安全、身心健康、人格尊严，不得侵犯科技活动参与者的知情权和选择权，不得资助违背科技伦理要求的科技活动。"并且对科技伦理审查、监管、风险预警、违规处理等做出具体规定，要求开展科技活动应进行科技伦理风险评估或审查，并特别针对涉及人、实验动物的科技活动做出规定；要求完善科技伦理风险监测预警机制等。

除了针对生殖细胞的基因编辑，以"增强"为目的的基因编辑也是目前的伦理争议热点。当前大部分基因编辑研究是用于预防或治疗疾病的，但是如果以"增强"为目的，就可能使人体性状或能力超越正常的健康水平，这既可能通过对体细胞，也可能通过对生殖细胞的基因编辑而达成。以"增强"为目的的基因编辑对公平、社会规范、个人自主性等都提出了新的问题，引起广泛的伦理争议。2017 年，美国科学院和美国医学科学院的"人类基因编辑：科学、医学和伦理委员会 (Committee on Human Gene Editing：Scientific，Medical and Ethical Considerations)"发布的报告，提出了以下人类基因编辑治理原则：促进福祉、透明、应尽的医疗、负责任的科学、尊重人、公平和跨国合作。并基于以上考虑，提出了一系列针对基础研究、体细胞和生殖细胞基因编辑的应用建议。其中对以"增强"为目的的基因编辑的建议是：目前不进行除疾病和失能的治疗或预防以外的人类基因组编辑，鼓励对除疾病和失能的治疗或预防以外的用途进行公共讨论和政策争论。因为公众始终是对这些技术进行监督和管理的重要部分，因此公众的广泛参与非常重要。

二、辅助生殖技术的相关热点伦理问题及监管

目前的冷冻卵子技术已经比较成熟。根据我国 2001 年颁布的《人类辅助生殖技术管理办法》规定，只有患恶性肿瘤的女性在放化疗前，

和患不孕症的女性在无法及时接受体外受精前，可以冻卵。健康单身女性显然并不符合规定。随着女性受教育年限延长，在最佳生育年龄段中进行冻卵的需求日渐高涨。邱仁宗教授提出要由国家相关部门和医学专家伦理委员会对冻卵技术的进展情况及可能的伦理、法律、社会问题进行全面研究，制定暂行管理办法。

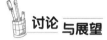

讨论与展望

1. 你认为基因编辑用于"增强"时有可能引起哪些社会问题？应如何监管？

2. 你认为生殖细胞基因编辑可能带来哪些社会问题？

3. 请阅读以下案例：患者尹某于 2017 年在某省精子库冷冻精子，并于次年因病去世。患者父母在 2018—2021 年继续为尹某的冷冻精子续费。因多次索要冷冻精子标本未果，于 2021 年向法院提起诉讼，要求解除与被告医院（该精子库挂牌医院）签订的《委托冻存精子协议书》《委托冻存精子续约协议书》，判令被告返还冷冻的精子标本。法院认为，本案例类型为医疗服务合同纠纷，基于双方签署的协议真实有效，以及精子的特殊性，驳回原告诉求。

试分析：冷冻精子与胚胎有什么区别？精子的处置应遵循什么原则？

【知识点 1】 DNA 双螺旋模型

詹姆斯·沃森（James Watson）和弗朗西斯·克里克（Francis Crick）于 1953 年提出 DNA 的双螺旋模型，揭示了 DNA 分子的 3D 结构。如图 7—1 所示，一个 DNA 分子由两条互补链组成，以相反的方式

形成双螺旋，通过碱基之间的氢键（A 与 T，G 与 C）结合在一起。生命之美在 DNA 双螺旋结构中得到完美体现！

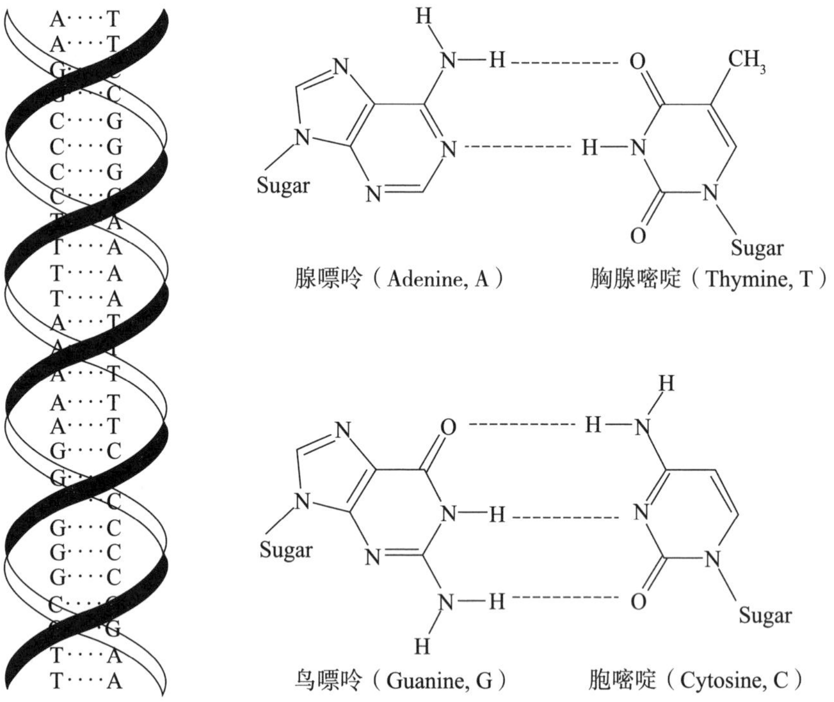

腺嘌呤（Adenine, A）　　　胸腺嘧啶（Thymine, T）

鸟嘌呤（Guanine, G）　　　胞嘧啶（Cytosine, C）

图 7－1　DNA 双螺旋模型

当 DNA 复制时，首先在 DNA 解旋酶的作用下断裂氢键、解开双链，形成由多种蛋白和酶组成的复制叉，每条链作为模板合成互补链，再形成两个新的 DNA 分子。这两个子代 DNA 分子分别含有一条来自亲代的 DNA 链和一条新合成的链。这种方式称为半保留复制。沃森和克里克提出半保留复制假说，该假说于 1957 年被证实。

【知识点 2】CRISPR/Cas 9 技术

CRISPR/Cas 9 技术利用 RNA－DNA 结合而非蛋白质－DNA 结合指

导核酸酶活性，与以往的 ZFNs、TALENs 等基因编辑技术相比，效率更高、设计更简便、成本更低，已经成为"明星技术"，可用于基因敲除（Knock－out）和敲入（Knock－in）、基因抑制、基因激活、多重编辑（同时对多个基因进行编辑）等，在生物医学多个领域都有广泛应用。

CRISPR 是 Clustered regularly interspaced short palindromic repeats（成簇的规律性间隔的短回文重复序列）的简称，在细菌和古细菌的基因组中广泛存在。某些细菌被病毒入侵后，把病毒基因组的片段存储到自身 DNA 中的存储空间——CRISPR 里，当病毒再次入侵时，细菌就可以根据之前存储的片段识别病毒，将病毒 DNA 切片，使其无法复制。1993 年，弗朗西斯科·莫伊卡（Francisco Mojica）第一个报道了 CRISPR 基因座。2005 年，亚历山大·鲍罗丁（Alexander Bolotin）发现了一个不寻常的 CRISPR 基因座，包含新的 Cas 基因，包括编码大分子蛋白质的基因，并预测该蛋白质具有核酸酶活性，这就是现在的 Cas 9。2008 年，卢西亚诺·马尔拉菲尼（Luciano Marraffini）和埃里克·松特海姆（Erik Sontheimer）发现 CRISPR 系统的靶标是 DNA 而非 RNA，指出如果将 CRISPR 系统转移到非细菌系统，可能成为一个强大的工具。2012 年 8 月 17 日，珍妮弗·道德纳（Jennifer Doudna）和埃玛纽埃勒·沙尔庞捷（Emmanulle Charpentier）合作，在国际顶尖学术期刊《科学》（Science）上发表了基因编辑史上的里程碑式论文，报告了 CRISPR/Cas9 基因编辑的工作原理，并因此成就荣获 2020 年诺贝尔化学奖。2013 年，曾参与 TALENs 基因编辑系统的张锋（Feng Zhang）设计了两种不同的 Cas9 直向同源物，首次成功将 CRISPR/Cas9 用于人和小鼠细胞中的靶向基因组编辑。

CRISPR/Cas 9 技术的基因编辑原理见图 7－2。

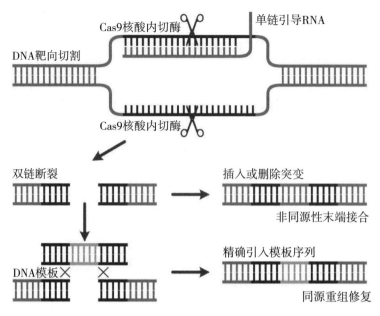

图 7-2　CRISPR/Cas 9 技术的基因编辑原理

CRISPR/Cas9 技术也并非万能，也有其局限性。比如，无法编辑所有基因序列，存在脱靶效应，错误编辑其他基因等。脱靶效应会在错误的位置进行基因编辑，导致假表型，对患者产生巨大的风险。2022年 3 月，FDA 发布涉及人类基因组编辑的人类基因治疗产品的指导文件草案，表明基因编辑对于靶标位点和非靶标位点的长期影响未知，建议在治疗后对患者进行至少 15 年的长期跟踪随访，并评估观察各种安全性问题，如脱靶、染色体变异等。

【案例】非法基因编辑婴儿事件

2018 年 11 月 26 日，南方科技大学副教授贺建奎发布视频，宣布一对基因编辑婴儿诞生，名为露露和娜娜，她们的一个能让细胞感染 HIV的基因（CCR5）被敲除。此事震惊了全世界。广东省"基因编辑婴儿事件调查组"的调查结果显示，贺建奎从 2016 年 6 月开始私自组织项目团队，蓄意逃避监管，实施国家明令禁止的以生殖为目的的人类胚胎基因编辑活动。从 2017 年 3 月开始，通过他人伪造伦理审查书，招募 8 对夫妇（艾滋病病毒抗体男方阳性，女方阴性）参与试验，指使个别从业人员违规在人类胚胎上进行基因编辑，并植入母体，最终 2 名志愿者怀孕，其中 1 名产下双胞胎露露和娜娜。2019 年 12 月 30 日，"基因编辑婴儿案"在深圳市南山区人民法院一审公开宣判。贺建奎、张仁礼、覃金洲等 3 名被告人因共同非法实施以生殖为目的的人类胚胎基因编辑和生殖医疗活动，构成非法行医罪，分别被依法追究刑事责任。

1996 年，邓宏魁团队在著名的学术期刊《自然》（Nature）上发文"Identification of a Major Co－Receptor for Primary Isolates of HIV－1"，首次报道了 CCR5（当时命名为 CC－CKR－5），并证实 CCR5 是 HIV 入侵细胞的受体，这是 HIV 研究中里程碑式的成果。2007 年，"柏林患者"蒂莫西·雷·布朗（Timothy Ray Brown）世界闻名，因为他在骨髓移植后成为世界上第一例被彻底治愈的艾滋病患者。他痊愈的原因是，捐赠骨髓的人携带 CCR5 缺失突变。因此，CCR5 在艾滋病中的作用及针对其的治疗策略成为科研热点。

CCR5 被敲除究竟会带来哪些后果呢？后续研究陆续揭示了敲除 CCR5 可能的影响。2019 年 2 月，国际学术期刊《细胞》（Cell）发文，报道敲除小鼠的 CCR5 可以使小鼠更聪明，且促进中风后的脑损伤修复。但这个实验是在小鼠中进行的，无法预测在人中敲除 CCR5 的影响。同年 6 月，国际学术期刊《自然医学》（Nature Medicine）发文，分析英国生物银行中 409693 个人的基因和死亡登记信息，结果显示，CCR5-Δ 32 等位基因纯合个体的全因死亡率增加 21%。评论文章表明，"对婴儿的 CCR5 基因进行编辑可能缩短了他们的预期寿命"。但几个月后 Nature Medicine 上的这篇文章就受到多方质疑，结果无法重

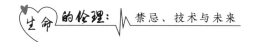

复，因此 4 个月后就被撤稿。同年 9 月，邓宏魁等在《新英格兰医学杂志》（*The New England Journal of Medicine*）上发文，报道在人成体造血干细胞上采用 CRISPR 技术对 *CCR*5 进行编辑，然后使用编辑后的成体造血干细胞在患者体内重建造血系统，对一名患有艾滋病和急性淋巴细胞白血病的男性患者进行治疗，发现急性淋巴细胞白血病可以达到形态上的完全缓解，患者的 T 细胞对 HIV 也有一定的抵抗能力，但效率太低。本研究是在人成体造血干细胞上进行的，不是在生殖细胞中进行的，因此不会对其他组织器官和下一代产生影响。关于 *CCR*5 的研究还在持续开展中，作为在所有哺乳动物基因组中都存在的一个基因，*CCR*5 的生物学功能不可能只局限于作为 HIV 进入人体细胞的受体。比如，*CCR*5 被报道在肿瘤转移和免疫反应中发挥多种作用，还能够保护一些慢性病患者的肺部、肝脏和大脑。因此，对其进行编辑具体有哪些风险，目前尚不清楚。

参考文献

［1］饶毅. 科学环境：一个诞生了 DNA 模型和 12 个诺贝尔奖的实验室［J］. 科学对社会的影响，2003（2）：61—64.

［2］饶毅. 遗传信息的载体：DNA［EB/OL］.［2023－06－30］. https：//blog. sciencenet. cn/blog-2237-722556. html.

［3］HüTTER G, NOWAK D, MOSSNER M, et al. Long-term control of HIV by CCR5 Delta32/Delta32 stem-cell transplantation［J］. The New England Journal of Medicine, 2009, 360（7）：692-698.

［4］JOY MT, BEN ASSAYAG E, SHABASHOV-STONE D, et al. CCR5 is a therapeutic target for recovery after stroke and traumatic brain injury［J］. Cell, 2019, 176（5）：1143-1157. e13.

［5］WEI X，NIELSEN R. CCR5－Δ32 is deleterious in the homozygous state in humans ［J］. Nature Medicine，2019，25（6）：909－910.

［6］REARDON S. Gene edits to 'CRISPR babies' might have shortened their life expectancy ［J］. Nature，2019，570（7759）：16－17.

［7］XU L，WANG J，LIU Y，et al. CRISPR－edited stem cells in a patient with HIV and acute lymphocytic leukemia ［J］. The New England Journal of Medicine，2019，381（13）：1240－1247.

［8］DOUDNA JA. The promise and challenge of therapeutic genome editing ［J］. Nature，2020，578（7794）：229－236.

［9］邱仁宗. 人类基因编辑：科学、伦理学和治理 ［J］. 医学与哲学，2017，38（5）：91－93.

［10］舒碧珍，蒋小辉，李福平. 从冷冻精子处置案例分析冷冻精子的属性及处置原则 ［J］. 医学与哲学，2022，43（12）：37－39.

［11］李晓宇，顾向应. 我国生育力现状及面临的挑战 ［J］. 中国计划生育和妇产科，2020，12（1）：3－6，97－98.

［12］雷瑞鹏，邱仁宗. 单身女性请求冻卵能不能得到伦理学的辩护 ［J］. 山东女子学院学报，2023（3）：26－30.

［13］邱仁宗. 生命伦理学 ［J］. 增订版. 北京：中国人民大学出版社，2020.

第八讲

吃还是不吃

——转基因食品的安全性与伦理

第一节　认识转基因食品

一、转基因技术

认识转基因
食品

1. 什么是转基因技术

基因就是带有遗传信息的核苷酸序列。而转基因技术即是利用现代生物技术，将期望的目标基因，经过人工分离、重组后导入并整合到目标生物体的基因组中，在该目的基因表达后，改善生物原有的性状或赋予其新的优良性状的方法。除了字面上"转入"新的外源基因，转基因技术也包括对生物体基因的加工、敲除、屏蔽等方法，以改变生物体原有的遗传特性，获得人们希望得到的性状。

实际上，转基因现象在植物界也是广泛存在的，如某些植物的异花授粉等。而转基因技术可对基因进行精确的定向操作，效率更高、针对性更强，获得的遗传性状更加稳定。

2. 转基因技术与杂交技术的区别

第一，传统技术一般只能在生物种内某个特定个体上实现基因转移，而转基因技术不受生物体之间亲缘关系的限制，如杂交只能在同物种之间发生。转基因技术可打破不同物种间的屏障，扩大可利用外源基因的范围，即可以提取某物种的基因转移至其他物种体内，改变生物的遗传物质，使其有效地表达特定产物。

第二，传统的杂交等基因育种技术一般在生物个体水平上进行，操

作对象是整个基因组，无法准确地对某个基因进行操作和选择，遗传性状的表达和预见性较差、育种效率低。而转基因技术则针对性强，预期性状的表达和预见性更强，可较稳定地构建。

二、什么是转基因食品

转基因食品即是以转基因生物为食品或以其为原料加工生产的食品。

《中华人民共和国食品安全法》规定，食品，指各种供人食用或者饮用的成品和原料以及按照传统既是食品又是中药材的物品，但是不包括以治疗为目的的物品。转基因食品需要符合食品的基本属性，其中基本的要求即是"食品安全"。依据《中华人民共和国食品安全法》的规定，食品安全，指食品无毒、无害，符合应当有的营养要求，对人体健康不造成任何急性、亚急性或者慢性危害。这就意味着，转基因生物必须经过严格的评估后才能成为转基因食品。

三、转基因作物（食品）分类

转基因食品案例

目前依据重组基因给作物（食品）带来的新特性，可将转基因作物（食品）分为以下几类。

1. 环境适应类转基因作物（食品）

通过转基因技术改造的具有抗除草剂、抗昆虫、抗真菌、抗病毒或固氮等特性的农业生物的产品及以该产品为原料加工生产的食品。

转 Bt 基因抗虫水稻的 Bt 蛋白源于苏云金芽孢杆菌，对鳞翅目鞘翅目昆虫（如小菜蛾）有较强的杀伤作用。人类研究利用 Bt 蛋白杀灭害虫已有 100 多年历史。转基因技术将源于苏云金芽孢杆菌的 *Bt* 基因转入水稻后，转基因水稻自身即可产生 Bt 蛋白。而转基因水稻产生的 Bt 蛋白与生物杀虫剂一样，只与特定害虫肠道上皮细胞的特异性受体结合而杀灭害虫。其他动物（包括人类、畜禽类动物等）肠道细胞没有该蛋白的结合位点，不会受到影响。

抗草甘膦转基因大豆：草甘膦是一种非选择性除草剂，施用时易将普通大豆与杂草一起杀死，研究人员从矮牵牛中克隆获得了抗草甘膦的抗性基因，并通过转基因技术将该抗性基因导入大豆植株的基因组中，从而产生了抗草甘膦的转基因大豆，进而施用草甘膦除草剂时，只会杀死杂草，不会影响大豆产量。

抗病毒转基因番木瓜：番木瓜是一种热带水果，常称为木瓜，此前一种环斑病毒常给大面积种植的番木瓜造成灾害，故难以实现大规模的种植。而转基因番木瓜把环斑病毒的外壳蛋白基因或复制酶基因转入番木瓜，导致番木瓜对该病毒产生抗性，能有效地抵抗环斑病毒的危害，保证番木瓜的种植。

2. 品质改良类转基因作物（食品）

通过转基因技术改造而使其产物具有耐储存、抗腐败等优良特性的农业生物的产品及以该产品为原料加工生产的食品，如耐保藏转基因番茄。耐保藏转基因番茄转入的基因可干扰多聚半乳糖醛酸酶的合成，导致番茄细胞壁中胶质分解延缓。细胞壁中的胶质保留后，番茄即使成熟了皮也不会变软，保存期也更久。

3. 营养改善类转基因作物（食品）

通过基因工程技术改造而使产物改变营养成分种类、含量及配比等

特性的农业生物的产品及以该产品为原料加工生产的食品，如高蛋氨酸转基因大豆、高番茄红素转基因番茄等。

四、转基因作物（食品）的优势

转基因作物（食品）的优势表现在以下几个方面：

（1）转基因作物可减轻病虫害，一定程度地减少农药和化肥使用，减少农药残留带来的环境污染或健康风险。目前关于转基因作物的应用均表明，转基因作物，如抗虫害、抗除草剂等转基因作物的种植和推广在改善农业生态环境方面有一定优势。

（2）转基因食品可选择性地提高食品某一方面的品质。某些转基因食品的营养价值更高，如高蛋氨酸转基因大豆使大豆蛋白的氨基酸组成更符合人体氨基酸组成，高番茄红素转基因番茄使番茄中有益的营养活性成分——番茄红素的含量升高。且某些转基因食品可使食品更加耐保藏等。而某些抗病虫害或抗除草剂的转基因作物可能本身施用的农药更少，故由其生产的转基因食品某些农药残留水平较低。

（3）转基因作物较传统作物通常具有产量高、消耗低等方面的优势，可减轻农民生产的投入。

第二节　转基因作物（食品）的安全性

一、转基因作物的生态安全性

对转基因作物生态安全性的质疑归根究底是质疑其是否会对生态环境、物种的多样性带来危害。目前对转基因作物的生态安全性的质疑包括以下几点。

（1）基因漂移：转基因作物中的目标基因可能向非目标生物漂移。基因漂移指一个群体的遗传变异转移到另外一个群体的现象。转基因作物中的基因可通过花粉漂移或其他的近距离传播发生基因漂移，特别是在同一物种、不同品种之间，基因漂移到近缘野生种的可能性很大。高水平的基因漂移可降低两个群体间的遗传分化，增加同质性。如转"抗除草剂"基因的作物大范围种植后，"抗除草剂"基因等可能会通过花粉传播或近缘杂交进入杂草或半驯化植物。这可能使杂草产生相应的适应性基因突变并遗传，从而产生更加难以消灭的杂草。但实际上，长期使用单一品种的除草剂也可能导致杂草产生抗药性，这与是否使用转基因技术没有关联。对基因漂移，各国也有相应的规定，即转基因作物要与其他作物保持一定的隔离距离，以及采取其他相当的措施降低生态风险。

（2）生物多样性：转基因技术赋予了转基因作物某些全新的性状（如抗除草剂、抗病虫害、耐干旱等），从而增强了它们与其他生物的生存竞争能力，长期可能会使某些本来生活力就很弱的个体或物种加速从地球上消失，或者使某一些生物失去捕食对象，从而破坏生物多样性。转基因作物也可能成为某一地区新的优势种。

（3）具有抗病虫害基因的转基因作物广泛种植后，其体内产生的抗虫蛋白可能使害虫产生抗性甚至发生相应的可遗传性变异，使害虫变得更加难以防治。

综上所述，转基因作物的目标基因已经突破了传统的界、门的物种分类概念，而各地政府对可能的基因漂移也有相应的管理规定和预防措施，但转基因作物可能对生物、环境造成的远期影响尚在推测阶段，有待时间和科学进一步的验证。

二、转基因食品的食用安全性

转基因食品的
食用安全性
质疑

20 世纪，转基因抗虫水稻品种的批准和商业化种植的批准引起了人们对转基因食物的广泛关注。转基因水稻作为主粮对人体有害吗？害虫吃了都会死，人吃了呢？而上文已经提到过水稻产生的 Bt 蛋白，是苏云金芽孢杆菌产生的晶体蛋白，作为微生物类杀虫剂历史悠久。且该蛋白被害虫摄入后，与其肠道的特异受体蛋白结合发生作用，这种结合是非常特异的，人类和其他畜禽类动物肠道内均不存在相应的受体蛋白。目前对转基因食品食用安全性的质疑主要包括以下三方面：①引入的目的基因可能破坏了原有基因组的完整性或者由于其插入的不稳定性可能编码产生新的蛋白（毒素），引起急性的或慢性的中毒（见文后案例 1）；②过敏性，外来基因编码产生的新蛋白可能会引起人类的过敏反应，即致敏性（见文后案例 2）；③营养价值改变，即转基因食品的营养成分及营养价值改变。

实际上，我们日常所吃的动物来源和植物来源的传统食品中含有多达 3 万~5 万个基因。转基因食品被人体摄入后，外源基因与食物本身含有的基因一样在消化道内被消化成为核苷酸，并作为我们人体正常的养分被吸收、利用。

截至 2023 年 6 月，并没有实际案例表明目前批准上市的转基因食品会导致过敏、会产生毒素或诱发人体的其他毒性。转基因食品的安全需要关注的主要是其编码产生的蛋白及其转基因后的食品营养价值与传统食品是否等同的问题。

第三节　转基因食品的安全性评价

"实质等同"
原则

一、实质等同

目前国际通用对转基因食品安全性评价的原则是"实质等同"，英文为"Substantial equivalence"。转基因食品与传统食品最大的区别在于其含有由 DNA 重组构建的外源基因。"实质等同"比较是将转基因食品与传统食品比较，这种对比的传统食品也叫传统对照物，指有传统食用安全历史并可作为转基因生物及其产品安全性评价参照对比物的非转基因生物，包括受体生物及其他相关生物。

1990 年，联合国粮食及农业组织/世界卫生组织召开的联合会议上提出了"用相应的传统食品作物标准评价源于生物技术作物的食品，同时考虑到食品的加工和用途"的观点，在此基础上，1993 年经济合作与发展组织提出了转基因食品安全性评价的"实质等同"原则，即如果转基因食品与相应的传统食品具有实质等同性，则可认为是安全的。若

转基因食品与相应的传统食品不存在实质等同性，则应进行严格的安全性评价。该原则意味着对转基因食品进行食用安全性评价时，应首先评价转基因食品及食品成分是否与相应的传统食品具有实质等同性，包括表型和成分的比较，以及插入基因的表达性状、标记基因的表达性状等方面的比较。

根据实质等同性相关的初步评价结果，可将转基因作物归纳为以下3类：

（1）转基因作物与传统食品具有实质等同性，即一般认为转基因作物与传统食品具有同等安全性，不需要进行进一步的安全性评估。但这种情况并不多见，用转基因作物加工的产品如精炼油、玉米淀粉、精制糖等暂可归为此类。这类食品通常不含蛋白质，是转基因食品加工提取后的成分，通常不含蛋白质。

（2）除了一些明确的差异（即转入基因表达的蛋白），转基因作物与传统食品具有实质等同性。目前大部分转基因作物生产的食品大都在此范畴内，对此类作物的进一步安全性分析主要应围绕差异进行。

（3）在多个方面转基因作物与传统食品不具有实质等同性，或找不到可进行比较的传统食品，则需要对该转基因作物进行全面的安全性分析。

"实质等同"是一个比较的原则，但需要注意的是该原则也有其局限性，对引入某个基因或者重组蛋白的表达而导致食物引起的直接、间接、急性或慢性/蓄积性的影响难以评价。尤其是当怀疑非预期效应可能发生的情况下，应当进行动物安全性评价实验以获得额外的信息来进行评价。即"实质等同"评估是转基因食品安全性评价的起点而不是终点，对某一种新的转基因食品进行评价时，应按照逐步（Stepwise）和个案分析（Case－by－case）的原则逐步分析。

转基因食品的
安全性评价

二、转基因食品安全性评价的要点

目前批准的转基因食品除了一些明确的差异（即转入基因表达的蛋白），与传统食品一般具有实质等同性，即需要围绕转基因蛋白差异进行相应的安全性评价。目前批准的转基因食品多为植物性食品，我国农业部颁布的《农业部转基因植物及其产品食用安全性评价导则》（NY/T 1101—2006）中规定了转基因植物及其产品的安全性评价的要点，其中主要规定了以下几方面的内容。

1. 基因受体植物的安全性评价

包括该植物的背景资料；对人体及其他生物是否有毒，如有毒，应说明毒性存在的部位及其毒性的性质；是否有致敏原，如有致敏原，应说明致敏原存在的部位及其致敏的特性；对人类健康是否产生过其他不良的影响；生产加工过程对其食用安全是否存在影响；是否有长期安全食用史。

2. 基因供体生物的安全性评价

包括背景资料；安全状况，如毒性、过敏性、抗营养作用、致病性；与人类的接触途径及水平。

3. 基因操作的安全性评价

包括转基因植物中引入或修饰性状和特性的描述；实际插入或删除序列资料；目的基因与载体构建的图谱，涉及载体的名称、来源、结构、特性和安全性、载体是否具有致病性以及是否可能演变为有致病性；载体中插入区域各片段的资料；转基因方法；插入序列表达的资料。

4. 转基因植物及其产品的毒理学评价

这一点主要包括对转基因植物及其食品中新生成物质的毒理学评价和转基因植物及其产品的致敏性评价。

（1）动物毒理学评价：在以全食品为受试物的转基因食物安全性评价中，通常按照毒理学安全性评价的程序实施动物实验，综合分析转基因植物及其产品组、传统食品组和常规基础饲料对照组的实验结果，在尽量平衡并排除营养不平衡等因素对结果影响的基础上，判定转基因植物及其产品与传统食品在动物实验中的实质等同性。同样，由于人和动物在解剖结构、生理病理上存在差异，以及实验动物自身存在个体差异和生长效率不同，用动物实验的方法评价转基因植物及其产品的安全性与其他健康相关研究一样存在局限性，需要结合多方面研究综合评价。

（2）致敏性评价：转基因技术可能产生新的未知蛋白，可能导致过敏原从已知过敏性供体转移到受体，或使受体过敏原的致敏性提高。因此，对在转基因植物及其产品中出现的基因修饰表达的蛋白质，应遵循整体、分步和个案分析的原则，对其潜在致敏性进行综合评价。评价通常包括以下几方面的内容。①来源：根据基因供体生物致敏性的信息，确定评价致敏性所采用的方法和数据。②氨基酸序列的同源性：外源基因表达蛋白质与已知致敏原氨基酸序列的同源性比较。③稳定性：外源基因表达蛋白质在加工过程和胃肠消化系统的稳定性。

5. 转基因植物及其产品的关键成分分析和营养学评价

转基因植物及其产品的关键成分分析评价包括营养成分、抗营养成分和天然毒素、营养成分以外的其他有益成分、因基因修饰生成的新成分和其他可能产生的非预期成分。

对外源基因和蛋白质的特征鉴定主要是利用分子生物学技术对外源

基因的序列分析比对及对其在受体生物中所表达蛋白质的序列分析和鉴定，以预测蛋白的功能或可能的作用机制。当基因重组对转基因生物的代谢途径和生物合成途径不造成影响时，对食品的品质和安全的影响也相对较小。

对改变营养价值和功能的转基因植物及其产品应进行营养学评估，包括人群营养素摄入情况的改变等，特别应考虑摄入量增加后对健康的影响，尤其是对特殊敏感人群的营养作用。

从目前的多项研究结果来看，大多数转基因植物及其产品如抗虫玉米、抗除草剂玉米、抗虫大米以及富含直链淀粉的大米等的营养成分与传统食品是基本一致的。但有些针对性改良营养成分的转基因植物及其产品的目标成分会有较大变化，如高赖氨酸转基因玉米。

6. 转基因植物及其产品中外源化学物蓄积性评价

即对转基因植物及其产品是否会导致农药残留增加、霉菌毒素及其他对人体有害的主要污染物的蓄积增加进行评价。

7. 转基因植物及其产品的耐药性评价

转基因植物及其产品中如果含有耐药性标记基因，应对其耐药性进行评价。

因此评估转基因食品的安全性需要建立在个案分析的基础之上，进行符合"实质等同"原则的安全性评价，并持续对上市后的转基因食品进行监测。

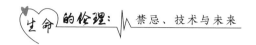

第四节 转基因食品的标识

关于转基因食品的辨别有一些谣言，如可以通过大豆的形状、颜色辨识，或者认为花玉米、黑玉米都是转基因玉米。实际上，转基因的作物在外观上看不出来区别。所谓的颜色和形状的差异通常只是育种或者个体差异。而关于转基因食品的标识和管理，各国都是有严格的规定的。

**转基因食品
的标识**

目前美国对转基因食品实施自愿标识制度；欧盟则对转基因食品实施强制性标识和追踪溯源的管理制度，即从种子生产到农田到餐桌全过程都要与非转基因食品分开，许可的转基因成分大于0.9％必须标识。日本转基因食品标识的阈值为5％，即转基因成分的含量占终产品5％以上则强制标识。韩国转基因食品标识的阈值为3％，规定食品中若转基因成分含量超过总含量的3％则需要标识，最终产品中不含外源DNA或蛋白质则不需标识，如大豆酱油和食用油等。

我国对转基因食品的标识是十分严格的，要求"定性"按目录强制标识，只要含有转基因成分或者由转基因作物加工而成，就必须标识。也就是凡是列入目录的产品都需要标识，这个目录指农业农村部规定的在中华人民共和国境内销售的转基因产品，首批进入目录的包括大豆、油菜、玉米、棉花、番茄5类17种。目前我国是唯一采用这种标识方法的国家，强制标识充分尊重了消费者的知情权和选择权。

第五节 结语

实际上，转基因食品的研发和应用在解决人类面临的环境恶化、资源减少等问题上发挥了不可忽视的作用。目前，各国政府对转基因植物的商品化都制定了严格的准入制度，对其实验室安全和种植也制定了相应的生态安全控制措施，对上市前的转基因食品更是制定了严格的安全性评价体系，各个过程都有详细的法律规定。而相对于传统食品，转基因食品是新生事物，公众对其了解和接纳需要一个过程。在这个过程中，政府、科研机构、媒体、公众等各方的沟通交流至关重要。政府应制定并严格遵循法规体系，依法监管相关科研活动和产业化；科研机构也应在遵纪守法的基础上开展转基因技术的研发和评估；而媒体需要客观全面地向公众传播科学知识，正确引导舆论导向；公众则需要寻求科学的信息渠道，理性对待和选择转基因食品。

讨论与展望

1. 你周围的人对转基因食品的态度如何？你认为导致这种认知的主要原因是什么？

2. 你或你的亲朋们购买食品的时候会关注转基因标识吗？你觉得我国转基因强制标识有什么好处？

3. 有人认为转基因作物违背了"物竞天择，适者生存"的原则，你怎么看呢？

【案例1】 法国转基因玉米致癌事件

法国科学家塞拉利尼（Seralini）团队于2012年发表文章称：用抗除草剂玉米和被草甘膦除草剂污染的饲料喂养实验鼠2年以上，在所有喂食含有NK603和草甘膦除草剂饲料的雌性实验鼠中，50%～80%的实验鼠罹患肿瘤（平均每只3个以上），而只有30%的对照鼠罹患肿瘤。雄性实验鼠出现的不良表现包括肝脏受损、肾脏和皮肤肿瘤，以及消化系统疾病。

欧洲食品安全局组织科学家对该研究进行了详细的科学评估，评估结果否定了转基因玉米诱导不良反应甚至致癌的结论。欧洲食品安全局认为，该实验研究的设计和方法都存在严重漏洞（如每组动物数不同、剂量－反应关系存疑、统计分析缺陷等），研究结论缺乏数据支持。法国国家农业科学研究院François Houllier也在《自然》（*Nature*）期刊发表文章指出，这一研究缺乏足够的统计学数据，其实验方法、数据分析和结论都存在缺陷。最终该文章被期刊撤回发表。相关机构号召目前应对转基因作物进行更多公开的风险－收益分析，开展更多的跨学科转基因作物研究，尤其着重研究其对动物和人体的长期影响。

【案例2】 转基因大豆与巴西坚果致敏事件

引发人们对转基因食品致敏顾虑的主要是巴西坚果事件。

大豆是营养丰富的食物，大豆蛋白作为植物蛋白，其必需氨基酸组成中缺乏含硫氨基酸，而巴西坚果中有一种富含甲硫氨酸和半胱氨酸的蛋白质2S蛋白（2S Albumin）。为弥补大豆氨基酸组成中的不足，1994年美国先锋（Pioneer）种子公司的科研人员将巴西坚果中编码2S Albumin蛋白的基因转入大豆中，结果表明转基因大豆中的含硫氨基酸的确提高了。

在获得初步研究成果后，需要评估人食用该转基因大豆是否安全。转基因作物必须按照相应法规要求开展食用安全性评价并得到食用安全的结论才有可能获准上市。但在安全性评价的过程中，研究者发现对巴西坚果过敏的人同样会对这种大豆过敏，而转入的蛋白质2S albumin可能正是巴西坚果中的主要过敏原，该研究结果发表于《新英格兰医学杂志》(*The New England Journal of Medicine*)。

鉴于以上安全性评价结果，先锋种子公司立即终止了这项研究计划，转2S albumin蛋白的转基因大豆并未获准上市，但此事件一度被传播为"转基因大豆致敏"，作为反对转基因的一个主要事例。但实际上，一方面，巴西坚果是传统食物，其本身就含有这种过敏原；另一方面，"巴西坚果事件"反而是一例因潜在致敏未被商业化的案例，可在一定程度上佐证对转基因植物的安全管理和转基因食品的安全性评价可有效避免有风险的转基因产品上市。是否可以产生过敏反应不是取决于转基因技术，而取决于转的是什么基因，这些都是科学家在进行转基因技术研发时会考虑在内的。

参考文献

[1] 徐若梅. 全球转基因作物商业化的发展态势与启示 [J]. 安徽农业大学学报（社会科学版），2018，27（4）：62-67.

[2] 张娟娟. 转基因作物产业化发展现状及法规监管问题 [J]. 分子植物育种，2022，20（22）：7469-7473.

[3] 熊鹏，刘培磊，徐琳杰，等. 浅析转基因舆情 [J]. 生物安全学报，2014，23（4）：305-308.

[4] 黄耀辉，樊殿峰，焦悦，等. 浅谈多国转基因产品标识制度对我国的启示 [J]. 生物技术进展，2022，12（4）：516-522.

［5］农业农村部关于修改《农业转基因生物安全评价管理办法》等规章的决定［J］．中华人民共和国国务院公报，2022（11）：38－42.

［6］程军栋．中外转基因生物安全法律法规比较及借鉴［J］．分子植物育种，2022，20（6）：1845－1849.

第九讲

可爱、可怜、可用、可怕

——动物保护与伦理

第一节　动物与人

长期以来，动物与人共同存在于地球这个蓝色星球上，两者之间形成了复杂的关系。当我们想到动物的时候，我们想到的是什么呢？是怀里毛茸茸的可爱猫咪，还是刚看完的电影里恐怖的大白鲨？是地震中不顾自身安危的搜救犬，还是传播细菌的老鼠呢？

一、可爱的动物

宠物和人的陪伴关系已有数千年的历史，而且在各种文化中都长盛不衰。毛茸茸的狗和猫是较常见的宠物，被人亲切地称为"伴侣动物"或"毛孩子"。研究证实，宠物作为社会支持的资源之一，对人的身心健康有很好的促进作用。饲养宠物的人压力更小、孤独感更弱、血压更低、幸福感更强。宠物疗法是通过人和宠物的接触来改善患者身心健康的治疗方法，对多种心理障碍有辅助治疗作用。随着人类社会老龄化的发展，感到孤独的人越来越多，宠物也被越来越多的人喜爱。

马戏表演是一项历史悠久的娱乐活动。马戏起源于汉代，《盐铁论》中记载"马戏斗虎"。唐代的马戏表演已经达到很高水平，现有出土的马戏的唐三彩。马戏以人骑着马的超常骑术和驯化开始，内容和形式逐渐丰富，目前包括驯兽、特技、滑稽、魔术等，主要以驯服动物为表演手段。宿州市是"中国马戏之乡"，2008年，"宿州马戏"被列入国家级非物质文化遗产名录。"宿州马戏"历史上以大型动物的动作表演见长，如狗熊骑车、老虎骑马等。2010年，国家林业局要求停止野生动

物与观众的零距离接触和虐待性表演。同年，住房和城乡建设部发布《关于进一步加强动物园管理的意见》，要求停止各类动物表演项目。近年来，将马戏、舞蹈、竞技体育、戏剧等多种艺术形式融合而成的新马戏逐渐兴起，声光电等数码艺术也被纳入其中，借助新媒体技术，新马戏正在蓬勃发展。

二、动物对人类的贡献

狗被人类驯化的历史可以追溯到三万多年前。除了作为宠物，还有很多作为工作犬，即从事各项工作以协助人类。工作犬可以从事警卫、搜救、畜牧、狩猎、拉车等多种工作。狗可以被训练成军犬、警犬，执行爆炸物嗅探、缉毒等任务。2008 年 5 月 12 日，汶川发生里氏 8.0 级特大地震，67 只功勋搜救犬参加救援。搜救犬沈虎在 14 天的超负荷救援中，营救出 15 名被困人员，超负荷的工作和满身伤痕让它的身体每况愈下，2019 年 9 月离开人间。2020 年 5 月 12 日，南京消防救援队为纪念沈虎，定做了它的巨型雕像，沈虎的训导员沈鹏抱着雕像泣不成声，他们是彼此最亲密的战友。2021 年 10 月 2 日，搜救犬冰洁离世。冰洁是参与救援的年纪最小的搜救犬，当年救出的第一个小女孩已经上大学。至此，67 只功勋搜救犬全部离世。搜救犬从出生不久就开始接受训练，长大后奔赴各地执行搜救任务，短暂的一生全部奉献给了人类。

动物对人类的贡献还很多，比如活化石鲎（见文后案例 1）。其蓝色血液做成的鲎试剂可用于细菌内毒素和真菌葡聚糖检测，广泛用于制药、临床等领域。我们喝的牛奶，吃的肉类、鸡蛋、蜂蜜等，无不来自动物。驯化的马作为交通工具，促进了文化交流和经济发展。鸽子可以辨识方向，飞行速度快，归巢性强。经过训练的鸽子可以飞行数千公里传递书信，被古人称为"飞奴"，在中国已有悠久的历史。

三、可怕的动物

14 世纪中叶，黑死病席卷欧洲，夺走约 2500 万人的生命，约占当时欧洲人口的一半。作为人类历史上最恐怖的瘟疫之一，黑死病在欧洲留下深深的印记，维也纳格拉本大街、捷克克鲁姆洛夫小镇广场等地都矗立着黑死病纪念柱。患者面部、腋下、腹股沟等长出肿块，皮肤出现黑斑，病情进展迅速，大多数患者会在感染后 48 小时内死去，因此，这种瘟疫被叫作黑死病。意大利作家薄伽丘（Giovanni Boccaccio）亲历了这场黑死病，在《十日谈》中写道："佛罗伦萨突然变成人间地狱，行人在街上走着走着突然倒地而亡，待在家里的人孤独地死去，在尸臭被人闻到前，无人知晓。每天、每小时都有大批尸体被运到城外。奶牛在城里的大街上乱逛，却见不到人的踪影……"一直到 18 世纪初，黑死病仍在欧洲多次暴发。一直到 550 年后，法国细菌学家耶尔森（Alexandre Yersin）才在老鼠上发现了鼠疫耶尔森菌，也就是引起黑死病的病原体。黑死病的学名是"淋巴腺鼠疫"，耶尔森氏鼠疫杆菌寄生在老鼠等啮齿类动物身上，通过跳蚤等传播（见文后知识点 1）。

超过 60% 的人类感染性疾病是由动物携带的病原体引起的，脊椎动物与人类之间自然传播疾病和感染疾病被总称为人畜共患病。除了鼠疫，人畜共患病还包括登革热、禽流感、弓形虫病、布鲁氏菌病等。

世界上还有很多极度危险的动物。黑曼巴蛇是世界第二长的毒蛇，仅次于亚洲的眼镜王蛇，爬行速度快、毒性强。箱水母是已知的对人毒性最强的生物，又名海黄蜂。锥形蜗牛的一滴毒液就足以杀死数十个成

年人，且没有任何抗毒物。毒镖蛙的背部可以分泌一种很强的神经毒素，每只毒镖蛙分泌的毒素足以杀死十个成年人。

四、动物实验

为了探索人类疾病的奥秘，寻找治疗疾病的可能分子靶标，进而研究开发新药，不可避免地会应用动物实验。生物学、医学等生命科学的进步都离不开实验动物的贡献，实验动物在教学、科研、制药等领域中的作用无可替代。实验动物指经人工饲育，对其携带的微生物进行控制，遗传背景明确或者来源清楚的，用于科学研究、教学、生产、检定以及其他科学实验的动物。常见的实验动物有青蛙、小鼠、大鼠、兔子、豚鼠和狗等。实验人员会根据实验目的选择最合适的实验动物。

在选定合适的实验动物后，实验人员会选择各种方式在动物身上诱导疾病，即建立动物模型，后续通过给药或其他方式来研究疾病的机理和药物的作用。诱导疾病的方法很多，比如给实验动物注射病毒以研究病毒性疾病，接种肿瘤细胞以研究肿瘤，用紫外线辐照以研究紫外线导致的皮肤衰老等，手术结扎某些血管造成缺血性疾病模型。这些操作都会给实验动物带来痛苦。因此，动物实验一直受到动物保护主义者的反对（见文后案例2）。但动物实验目前在科研、制药等领域的作用尚无法替代，不过这并不是不讲动物伦理的理由。事实上，对动物实验的各个细节都有详细的伦理规定，这也是科研伦理中的重要组成部分。我们在科研伦理章节还有更多相关案例展示。

第二节　动物相关伦理问题

一、动物相关伦理的发展

早期西方哲学家大多对人和动物的关系进行等级划分。古希腊哲学家亚里士多德（Aristotle）在其著作《政治学》中写道："植物的存在是为了动物的降生，而其他动物又是为了人类而生存，驯养动物是为了便于使用和作为人们的食品。"在这一时期，人类被认为有权利支配自然界的其他各种生命。有些学者担心虐待动物可能影响人的道德水平，而反对虐待动物。中世纪哲学家托马斯·阿奎那（Thomas Aquinas）认为，无理性生物的存在是为了理性生物的利益，但人不能虐待动物，这不是因为动物本身，而是因为对动物残忍就会将这种残忍的思维转移到对待其他人。

随着社会和文化的进步，动物不再被认为是无理性生物。著名哲学家康德（Immanuel Kant）认为，我们对动物的责任就是我们对人类的间接责任。他不反对人类利用动物，但反对为了竞技而残忍对待动物。英国哲学家大卫·休谟（David Hume）也认为，我们应当受人道法则的约束。查尔斯·罗伯特·达尔文（Charles Robert Darwin）的进化论提供了大量证据，证明人和其他高等哺乳动物间没有根本差别，为动物伦理的出现打下了理论基础。

1975年，英国动物伦理学家彼得·辛格（Peter Singer）出版著作《动物解放》（*Animal Liberation*），明确反对物种歧视，主张平等对待

所有生命，因此倡导素食。他在《实用伦理学》（*Practical Ethics*）中谈到，所有个体承受的痛苦都应该平等地被纳入考虑，痛苦应该尽量被避免和最小化，应该向所有个体所受痛苦的总和减小的方向努力。因此，他认为肉食并不是必需品，而是奢侈品。他的理论难以被普通群众接受。其后不久，美国学者巴里·休斯（Barry Huges）提出"动物福利"，这一概念后来由考林·斯伯丁（Colin Spedding）在著作《动物福利》（*Animal Welfare*）中总结为"五大原则"，即生理福利、环境福利、卫生福利、行为福利和心理福利。人类可以利用动物，但应采用人道主义的方式。动物福利的观点影响深远，被多国的动物饲养行业规范采纳。

中国传统文化中对人和动物的关系也有诸多论述。庄子在《齐物论》中写道："天地与我并生，而万物与我为一。"《中庸》写道："万物并育而不相害，道并行而不悖。"人和动物之间的关系始终被认为是和谐共生的平等关系。

二、实验动物伦理相关法律法规

1947 年，第一部实验动物福利相关法案在英国颁布，即《科学研究动物法案》。1959 年，英国动物学家威廉·罗素（William Russo）和微生物学家雷克斯·博奇（Rex Burch）提出著名的"3R"原则。1966 年，美国颁布了《实验室动物福利法》。此外，一些机构如国际实验动物评估和认证协会（Association for Assessment and Accreditation of Laboratory Animal Care，AAALAC）也对实验动物福利和伦理做出了不少努力。1986 年，欧盟通过《用于实验和其他科学目的的脊椎动物保护欧洲公约》（European Convention for the Protection of Vertebrate

Animals Used for Experimental and Other Scientific Purposes)，对其饲养设施、实验细节、管理操作等做了详细规定，欧盟成员都基于此制定本国的相关法律。2013 年，欧盟正式实施新的实验动物指令——2010/63/EU，首次将"3R"原则写入法律，被认为是现代动物福利法律的全新开端。

我国的第一部实验动物法规于 1988 年颁布，即《实验动物管理条例》，其中明确规定了"禁止虐待动物，减少动物不必要的痛苦，开展动物替代方法研究"。科技部于 2006 年发布《关于善待实验动物的指导性意见》，强调应善待动物，避免伤害和痛苦，保证动物受到良好的管理和照料。2018 年颁布并实施的国家标准《实验动物福利伦理审查指南》，从人员资质、设施条件、动物来源、饲养使用、运输和职业健康安全等方面明确了规范要求。2021 年发布的《实验动物安乐死指南》，则对不同品种、年龄的实验动物使用安乐死的方法和剂量做出了明确规定。

三、实验动物的"3R"原则

实验动物的
3R 原则

在设计和开展动物实验时，一定要遵循"3R"原则。"3R"原则指的是 Replacement、Reduction、Refinement。

1. 代替（Replacement）

代替指尽量采用无知觉材料取代有知觉动物。比如，使用低级动物代替高级动物，小动物代替大动物。在达到实验目的的前提下，能用小鼠做，就不用狗做；能用狗做，就不用猴子做。代替还包括用组织学实验代替整体动物实验、用人工合成材料代替动物实验、用计算机模拟动

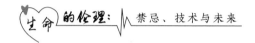

物生理反应代替动物实验等。在这里我们要特别提一下猴子、狒狒等非人灵长类动物。非人灵长类动物实验的伦理比其他动物实验更复杂，比如，非人灵长类动物的道德地位问题，实验给非人灵长类动物带来的伤害评估等。因此非人灵长类动物替代模型是目前研究的热点。

2. 减少（Reduction）

减少指在保证获取一定数量与精确度信息的前提下，通过改进实验设计、规范操作流程等，尽量减少实验动物的使用量。请大家注意，动物实验的样本量并不是越大越好！如果一味扩大动物实验的样本量，就会增加实验人员的工作量，甚至有可能降低实验操作的精度。如果一个动物实验开始的设计就不合理，或者实验人员操作随意、马虎甚至错误，即使样本量非常大，这个实验的质量也是很低的。

3. 优化（Refinement）

优化指优化饲养条件、实验步骤、实验操作，尽量减少非人道程序的影响范围和程度，避免或减轻给动物造成的与实验目的无关的疼痛和紧张不安，在动物正常和舒适状态下取得真实可靠的实验数据。我们来举几个例子。

比如，如果要给动物做手术，当然要先麻醉，现在被广泛应用的麻醉方式是使用异氟烷气体吸入麻醉。这种麻醉方式诱导和恢复迅速，麻醉过程平稳，体内代谢少，也不会引起动物损伤。曾经有一种药物，水合氯醛，腹腔注射用于麻醉动物，但现在已经被认为不符合伦理而禁止使用了。为什么呢？水合氯醛适合于催眠，但不适合麻醉，因为动物手术所需麻醉剂量的水合氯醛不仅不能提供足够的镇痛作用，还会导致显著的呼吸抑制，引起严重的心律失常，而且还有一定的黏膜刺激性。

比如，以小鼠为例，根据笼盒的大小，每个笼盒中能饲养小鼠的数量是一定的，如果本来只能饲养 5 只，非要在里面饲养 7 只，这就不符合优化的原则。因为小鼠的居住环境过于拥挤，会对它们造成压力，它们的唾液中就能检测到皮质醇含量上升，小鼠可能会因为压力大而出现打斗，健康也会受到影响。但是如果一个笼盒只饲养一只小鼠，我们可不可以认为小鼠的饲养环境非常好呢？这是不对的，小鼠是一种群居动物，如果被单独饲养，它会觉得非常孤单，这也是一种精神压力，也可能会影响它的健康，要尽量避免。如果因为疾病或者某些特殊原因，某只小鼠必须单独饲养的话，我们就要给它提供玩具，帮它释放压力，这也是优化的一种方式。

再比如，肿瘤是当前医学研究的热点。最常用的肿瘤动物模型构建方法是给裸小鼠皮下接种肿瘤细胞。裸小鼠，顾名思义，即没有毛的小鼠，是从出生终身无毛、没有胸腺的免疫缺陷小鼠，没有免疫排斥反应，能够接受肿瘤等异体移植。裸小鼠因为免疫缺陷，肿瘤细胞就可以逐渐成瘤。现在学术界对肿瘤大小有要求，裸小鼠接种肿瘤细胞后长出的单个肿瘤，瘤体直径不能超过 20mm，且不出现明显的肿瘤溃疡。这也是出于实验动物伦理的考虑，如果瘤体过大或者出现肿瘤溃疡，裸小鼠会非常痛苦，因此必须优化实验操作。

"3R"原则并不是要求不开展动物实验，不使用实验动物，而是希望大家优化实验动物饲养，改进实验设计，规范实验操作，从而保证实验数据的可靠性、准确性和科学性。实验动物和人一样，会感到痛苦、会焦虑、会恐惧，给予它们舒适的饲养环境、营养的饲料、清洁的饮用水，在实验过程中做到必要的麻醉和镇痛，给予它们抚慰，减少应激，实施安乐死，这些措施不仅有利于实验动物，也有利于实验人员的身心健康！实验动物和化学试剂不同，不是冷冰冰的实验材料，它们是我们的伙伴。它们以自身的牺牲，推动了医学的发展。所以，我们当然要遵

循"3R"原则，尊重、善待每一个为了研究不得不牺牲的实验动物。向用生命为人类健康做贡献的实验动物致敬！

第三节　外来入侵物种

外来入侵物种
知多少

一、外来入侵物种的现状

2022年7月，河南汝州市有市民在中央公园云禅湖发现一条怪鱼，体型大，有七八十厘米长。专家根据特征初步判断，高度疑似高危外来生物——鳄雀鳝！为杜绝外来物种入侵，汝州市立即组织队伍，刚开始是用大型抛网捕捞，但效果不好；后来又请了专业捕捞团队，采用声呐定位寻找，也没有找到；然后采用大型围网进行投饵诱捕，仍然一无所获；最后只好把云禅湖中约30万立方米的湖水全部抽干，让鳄雀鳝无处遁形。这项工作从7月26日开始，到8月23日湖水见底，一直到8月26日，鳄雀鳝终于被抓住了，而且还是一雌一雄两条。

为什么要如此大费周章地抓捕鳄雀鳝呢？鳄雀鳝是雀鳝目、雀鳝科、大雀鳝属动物中体型最大的一种，可以长到3m长，性情凶猛，以捕食鱼类为生。鳄雀鳝原产于北美洲，在我国生态环境中没有天敌，一旦入侵成功，会对生态环境造成极大破坏。一条鳄雀鳝可以把整个湖中的鱼都吃光，在没有食物的情况下，还可能咬伤人类。湖水中的鱼类被吃光后，被鱼当作食物的藻类就会大面积泛滥，有可能造成水体缺氧，引起生态灾害。

除了鳄雀鳝，外来入侵物种还有很多。据《2020中国生态环境状况公报》，我国已发现 660 多种外来入侵物种，其中 71 种对自然生态系统已造成或具有潜在威胁，被列入《中国外来入侵物种名单》，219 种已入侵国家级自然保护区，其中 48 种被列入《中国外来入侵物种名单》。我们来一起看几个例子。

巴西龟，又名红耳龟，原产于美洲地区。种间竞争力极强，被欧洲、亚洲、非洲等非原产地的地区列为较危险的入侵物种之一。与我国本土龟种草龟、黄喉拟水龟相比，巴西龟的捕食、抢食和繁殖能力都更为突出，环境适应力和对温度变化的耐受力也很强。因此，巴西龟在本土大量繁殖的同时，会抢占本土龟种的生存环境，甚至使它们濒临灭绝。

红火蚁，是全球公认的百种较具危险的入侵物种之一，具有强烈的侵略性，喜欢食用农作物的种子、果实、幼芽等，导致农作物减产，还能破坏灌溉系统。红火蚁的生存繁殖能力特别强，河堤、公园绿化带、盆栽等都能生存。而且毒性极强，常有人被红火蚁咬伤的事件。在红火蚁较多的地区，不仅农作物减产，当地蚯蚓、本地蚂蚁的数量都会急剧减少，生态平衡被破坏。

福寿螺，又名苹果螺，原产于南美洲亚马孙河流域。20 世纪 80 年代作为食用螺引入中国，适应性强，繁殖迅速，没有有效天敌，成为危害巨大的外来入侵物种。福寿螺吃沉水植物、浮水植物和挺水植物，严重破坏生态链。福寿螺还是广州管圆线虫的中间宿主，一只螺内就可寄生 6000 多条广州管圆线幼虫，千万不可食用福寿螺！

松材线虫，原产于北美洲，通过松墨天牛等媒介昆虫传播于松树体内，引起松材线虫病，松树被感染后，针叶呈黄褐色或红褐色，萎蔫下垂，约 40 天后就整株干枯死亡。该病蔓延速度快，防治难度大，被称为松树的"艾滋病"。

入侵物种不只是动物，也有不少植物。比如大名鼎鼎的加拿大一枝黄花，是菊目菊科的植物。20 世纪作为观赏植物引入中国，根状茎发达，繁殖力极强，与周围植物争夺肥料、争夺阳光，直至其他植物死亡，对生物多样性产生严重威胁。

水葫芦，学名凤眼蓝，其花朵艳丽动人，原产于南美洲亚马孙河流域，是一种漂浮的水生植物，具有强大的繁殖能力，既可通过蜜蜂授粉，也可无性繁殖。每株每年产生几千个种子，存活时间超过 28 年。而且水葫芦是已知生长较快的植物之一，一两周内面积就能扩大一倍。于是，堵塞河道、湖泊，影响水道交通，遮蔽阳光，与藻类等其他水生植物竞争营养物质，腐烂时大量消耗水中的溶解氧，污染水质，导致鱼类等水生动物大量死亡。

二、外来入侵物种的管理

生态系统是经过长时间进化形成的，系统中的物种经过百万、千万年的竞争、适应、排斥等，才形成了相互依赖又互相制约的复杂的生态系统。一个外来物种侵入后，可能因新的环境中没有相制约的生物而打破原有平衡，破坏当地的生态环境。外来入侵物种是导致生态系统破坏的主要因素之一，而入侵渠道包括国际贸易、国际旅行等，被有意或者无意带进国内，从而导致外来生物侵入我国。长期以来，我国农林牧渔产业发展深受外来入侵物种的危害，各种形式入侵的物种时有出现，也对生物物种多样性带来损害。我国针对外来入侵物种的管理制度也在不断完善。

2021 年 4 月 15 日正式施行的《中华人民共和国生物安全法》规定：任何单位和个人未经批准不得擅自引进、释放或者丢弃外来物种。

国家对外来入侵物种的管理坚持风险预防、源头管控、综合治理、协同配合、公众参与的原则。在国家外来入侵物种防控部际协调机制下，制定外来入侵物种名录，建立外来入侵物种数据库，制定、修订外来入侵物种风险评估、监测预警、防控治理等技术规范。2022 年 8 月 1 日，农业农村部、自然资源部、生态环境部、海关总署联合发布的《外来入侵物种管理办法》正式实施，对外来入侵物种的定义是这样的："本办法所称外来入侵物种，是指传入定殖并对生态系统、生境、物种带来威胁或者危害，影响我国生态环境，损害农林牧渔业可持续发展和生物多样性的外来物种。"《外来入侵物种管理办法》明确建立外来入侵物种普查制度，每十年组织开展一次全国普查；建立外来入侵物种监测制度，构建全国外来入侵物种监测网络；建立外来入侵物种信息发布制度。这是我国第一部针对外来物种防控的管理办法。

外来入侵物种防控事关国家粮食安全、生物安全和生态安全。防控外来入侵生物、共同守护美丽家园是我们每个人的责任。

 讨论**与展望**

1. 你认为宠物的道德地位和人一样吗？

2. 你怎么看待动物实验？据你了解，应采取哪些措施减少实验动物的痛苦？

3. 你见过外来入侵物种吗？你对他们了解多少？

4. 你对外来入侵物种的危害了解多少？

【案例1】鲎

鲎是马蹄蟹的学名，属于节肢动物门肢口纲剑尾目鲎科生物，是一种在地球上存在超过 4 亿年的神奇生物，比恐龙出现得更早，是名副其实的活化石。现存四个种，即中国鲎、南方鲎、圆尾鲎、美洲鲎。中国鲎又称中华鲎、三刺鲎、东方鲎，头尾长约 60cm，体重 3～5kg，生长周期长达十年以上，要经历 16 次蜕壳，能在每次蜕壳后存活下来的仅极少数。

鲎的血液是蓝色的，因为有含铜的血蓝蛋白。人的血液是红色的，因为含有含铁的血红蛋白。鲎的血细胞非常原始，没有分化，只有一种变形细胞。鲎在海岸线产卵，但海岸线的沉积物包含大量细菌，当鲎被细菌侵入时，细胞会释放一种凝固蛋白，形成黏膜，把细菌包裹封闭起来，防止细菌在体内扩散。这一特性被用于评估疫苗和静脉注射用药物的安全性。向鲎试剂中加入疫苗和静脉注射用药物，如果发现分泌出胶性物质而凝固，说明产品含有细菌内毒素，并不安全。鲎试剂不仅用于检测药品和植入物等医疗用品的安全性，还广泛用于检测饮用水、牛奶、罐头等食品是否被细菌污染，还可以用于细菌感染患者的快速诊断。

鲎试剂是从鲎的蓝色血液中提取的变形细胞的溶解物经冻干得到的。而鲎无法人工养殖，目前通常的做法是捉住鲎，抽取其 30% 的血液再放归自然界。但可悲的是，一部分鲎会在抽血过程中死亡，即使是幸存者也会因为失血而行动迟缓，死亡率极高。1985 年开始，美国东海岸的动物保护组织就美洲鲎开展保护行动。2006 年开始，美国各州出台了严格的美洲鲎捕捞及取血管理措施。由于人类的过度捕捞，栖息地被破坏甚至消失，中国鲎种群受到严重威胁。2021 年，我国国家林业和草原局、农业农村部颁布公告，将中国鲎及圆尾鲎列为国家二级保护野生动物。近年来，对鲎的保护意识的提升和栖息地的稳定，促进了我国鲎种群数量的提升。我国科研工作者在寻找鲎试剂代用品方面也在不断努力。联合全社会的力量，保护和修复鲎的栖息地，建立鲎保育试验区，宣传鲎的保护，研发针对鲎试剂的代用品，多方举措并行，保护珍贵的活化石——鲎。

【案例2】棕色小狗事件

1902年，伦敦大学生理专业教师威廉·贝里斯（William Bayliss）在授课中使用了一只短毛棕色小狗，向学生们展示切开腹腔并进行胰腺手术，暴露唾液腺，电流刺激展示唾液与血压的关系。随后这只棕色小狗被交给一名学生切除胰腺，并最终被杀死。这堂课的学生中有两名瑞典女性反活体解剖运动者，她们将自己在课堂上关于实验动物的见闻记录下来，于1903年成书出版，书名为《目击者》（*Eye－Witnesses*），第二版改名为《科学的屠宰场：摘自两名生理学学生的日记》（*The Shambles of Science：Extract from the Diary of Two Students of Physiology*），这本书如同重磅炸弹般引起了剧烈的社会反响。

1906年，在英国伦敦贝特西（Battersea）公园的拉奇梅尔娱乐场（Latchmere Recreation Ground）建立了一个7英尺6英寸的青铜棕色小狗雕像，雕像底部的文字是这样的："纪念1903年死于大学实验室的那只棕色小狗，在忍受超过两个月的活体解剖后从一个解剖者手里被移交到另一个解剖者手里，直到死亡给了他解脱。同时也纪念1902年232只在同一个地方被活体解剖的狗。英格兰的男人和女人们，这样的事情还要持续多久？"大学认为这个雕塑及下面的文字描述都是谎言，要求公园拆除该雕塑。1910年3月，雕塑被悄悄移除。数天后，三千多名反活体解剖者聚集在特拉法尔加（Trafalgar）广场要求归还雕像。

经过坚持不懈的努力，英国反活体解剖协会于1985年12月在贝特西公园重新树立起这只棕色小狗雕像，雕塑上的文字增加为："建立这个为了替代原来的那个 1906 由公众资金建立在拉奇梅尔娱乐场上的棕色小狗雕像，那只棕色小狗在活体解剖人手里遭受的痛苦激起了大量抗议和示威，它代表伦敦人对活体解剖和动物实验的不满。这个新的纪念碑献给持续进行中的反活体解剖运动。在经历了大量争议以后，先前的纪念牌在 1910 年 3 月 10 日被拆除，这是当时公园高层的决策，而前任公园高层是支持这个纪念雕塑的建立的。动物实验室是我们这个时代巨大的道德问题之一，它们不应该在文明的社会中存在。1903 年，19084 只动物在英国的实验室里遭受痛苦和死亡。在 1984 年的英国，有3497355 只动物被烧伤而导致失明、接受辐射、接受毒药或遭受其他各种可怕的实验。"

【知识点 1】鼠疫

鼠疫是一种自然疫源性烈性传染病，其致病菌为鼠疫耶尔森菌，它是细菌域、变形菌门、γ－变形菌纲、肠杆菌目、肠杆菌科、耶尔森菌属。其自然疫源地包括亚洲、非洲、美洲的六十多个国家和地区。世界上有三百多种动物都可被鼠疫感染，之后再作为传染源，包括啮齿类动物如鼠类、旱獭等，野生动物如狐狸、狼、黄羊、岩羊等，家养动物如犬、猫等。其中最主要的传染源是啮齿类动物。当然，鼠疫患者尤其是肺鼠疫患者也可以成为传染源。鼠疫的主要传播途径包括被宿主动物的寄生蚤叮咬、直接接触染疫动物、飞沫传播和实验室感染，其中被宿主动物的寄生蚤叮咬是最主要的传播方式。因此，在草原旅游时应尽量不接触野生动物，不捕猎、食用野生动物尤其是旱獭，不在旱獭洞口周围坐卧，防蚤叮咬。

鼠疫耶尔森菌进入人体后，经淋巴管聚集至淋巴结繁殖，引起出血性坏死性淋巴结炎，感染的淋巴结肿胀、充血、坏死。鼠疫耶尔森菌破坏局部淋巴屏障后，会继续沿着淋巴管扩散，或经淋巴系统进入血液循环引起败血症，出现严重的皮肤黏膜出血。鼠疫耶尔森菌还可进一步侵入肺脏，出现大叶病变及出血性坏死、脓肿。脾脏作为机体最大的淋巴器官，也是鼠疫菌的主要侵袭目标，可出现充血、水肿等。

参考文献

[1] 傅纳，郑日昌. 宠物对人身心健康影响［J］. 中国心理卫生杂志，2003，17（8）：577－579.

[2] 温士贤. 动物伦理与非遗"马戏表演"［J］. 文化遗产，2018（5）：9－16.

[3] 赵倩，李娟. 新媒体背景下宿州"新马戏"产业创新发展研究［J］. 宿州学院学报，2019，34（9）：1－4.

[4] 张芃，周永运，吕东月，等. 喜马拉雅旱獭自然感染鼠疫耶尔森菌后部分脏器病理变化的研究［J］. 中国媒介生物学及控制杂志，2023，34（1）：9－13.

[5] 徐国恒. 美国农业部主导的实验动物管理政策演变和启示［J］. 中国实验动物学报，2023，31（1）：129－133.

[6] 王贵平，周正宇. 关于我国实验动物福利伦理的思考及建议［J］. 中国实验动物学报，2023，31（5）：683－689.

[7] 陆佳峰，马永双，高慧，等. 中国动物福利现状分析及立法建议［J］. 中国畜牧杂志，2022，58（7）：63－67.

[8] 邱仁宗. 生命伦理学［M］. 增订版. 北京：中国人民大学出版社，2020.

第十讲

全人类的未来

——科研伦理

第一节　大学生常见科研伦理

不少大学生都参与或主持了大学生创新创业项目，或者进入科研实验室接受科研训练。在毕业前的实习阶段，也有很多大学生是进入科研实验室进行实习的，实习的主要内容就是开展科研实验。科研成果可以以论文的形式发表出来，与同行进行交流。2019 年 5 月 29 日，国家新闻出版署正式发布了《学术出版规范——期刊学术不端行为界定》（CY/T 174—2019），界定了学术期刊论文作者、审稿专家、编辑可能涉及的学术不端行为，适用于学术期刊论文出版过程中各类学术不端行为的判断和处理，是同学们撰写学位论文时很好的参考。这是我国首个对学术不端行为进行具体界定和描述的文件，下面我们选择和同学们相关度较高的详细介绍。

一、剽窃

剽窃包括很多种，如观点剽窃、数据剽窃、图片和音视频剽窃、研究（实验）方法剽窃、文字表述剽窃、整体剽窃、他人未发表成果剽窃。我们重点谈文字表述剽窃。文字表述剽窃的定义和相关内容如下。

不加引注地使用他人已发表文献中具有完整语义的文字表述，并以自己的名义发表，应界定为文字表述剽窃。文字表述剽窃的表现形式包括：

（1）不加引注地直接使用他人已发表文献中的文字表述。

（2）成段使用他人已发表文献中的文字表述，虽然进行了引注，但对所使用文字不加引号，或者不改变字体，或者不使用特定的排列方式显示。

（3）多处使用某一已发表文献中的文字表述，却只在其中一处或几处进行引注。

（4）连续使用源于多个文献的文字表述，却只标注其中一个或几个文献来源。

（5）不加引注、不改变其本意地转述他人已发表文献中的文字表述，包括概括、删减他人已发表文献中的文字，或者改变他人已发表文献中的文字表述的句式，或者用类似词语对他人已发表文献中的文字表述进行同义替换。

（6）对他人已发表文献中的文字表述增加一些词句后不加引注地使用。

（7）对他人已发表文献中的文字表述删减一些词句后不加引注地使用。

从以上界定中，大家可以知道什么是剽窃。为了发现剽窃，查重应运而生。目前有多种查重工具，不同查重工具的算法和可以检测的数据库是不同的。我们应遵循写作规范，首先是要合理引用，其次是引用之后依然不能成句地、不加引注地使用别人的文字表述。如果之前的文章也是自己写的，现在自己写另外一篇的时候，可以不加引注地使用吗？或者引用后，成段地使用前一篇文章中的文字表述吗？换句话说，可以"自己抄自己"吗？答案是，不可以。这不仅关系到学术规范，也与知识产权有关。在前一篇论文发表之后，版权可能会发生变化，即使是作者本人想再次使用，也有可能需要获得许可。

二、伪造与篡改

根据《学术出版规范——期刊学术不端行为界定》（CY/T 174—2019），伪造与篡改的表现形式如下。

伪造的表现形式包括：

（1）编造不以实际调查或实验取得的数据、图片等。

（2）伪造无法通过重复实验而再次取得的样品等。

（3）编造不符合实际或无法重复验证的研究方法、结论等。

（4）编造能为论文提供支撑的资料、注释、参考文献。

（5）编造论文中相关研究的资助来源。

（6）编造审稿人信息、审稿意见。

篡改的表现形式包括：

（1）使用经过擅自修改、挑选、删减、增加的原始调查记录、实验数据等，使原始调查记录、实验数据等的本意发生改变。

（2）拼接不同图片从而构造不真实的图片。

（3）从图片整体中去除一部分或添加一些虚构的部分，使对图片的解释发生改变。

（4）增强、模糊、移动图片的特定部分，使对图片的解释发生改变。

（5）改变所引用文献的本意，使其对己有利。

这里面大家可能听说过的是图片的伪造、篡改。比如故意涂抹掉图片中的一些信息，或者在图片中增加一些原本不存在的信息，使图片的含义发生变化。那么，是不是论文中的图片完全不能做任何调整呢？当然也不是的，论文中的图片调整应该遵循一定的原则。2012 年，美国

科学编辑委员会（Council of Science Editors，CSE）发布了《推动科技期刊出版诚信的白皮书》（CSE's White Paper on Promoting Integrity in Scientific Journal Publications，2012 Update），其中提出图片处理的四条原则：

（1）不要对一张图片的局部区域进行增强、模糊、移动、移除或插入新内容等操作。（No specific feature within an image may be enhanced，obscured，moved，removed，or introduced.）

（2）可对整张图片的亮度、对比度或色彩平衡进行调整，不能隐藏、消除或歪曲原图的信息。（Adjustments of brightness，contrast，or color balance are acceptable if they are applied to the whole image and as long as they do not obscure，eliminate，or misrepresent any information present in the original.）

（3）允许从同一凝胶上不同部位，或从不同的凝胶、区域、曝光区取得图像并进行图片拼合，但须使用明确的分割线表示它们来自不同的原图，并在图注中予以说明。[The grouping of images from different parts of the same gel，or from different gels，fields，or exposures must be made explicit by the arrangement of the figure（e. g，dividing lines）and in the text of the figure legend.]

（4）如作者不能提供原始数据，文章将被拒稿或撤稿。（If the original data cannot be produced by an author when asked to provide it，acceptance of the manuscript may be revoked.）

伪造和篡改的危害是很大的，小保方晴子事件（见文后案例1）对干细胞研究的影响造成了巨大的损害，其导师笹井芳树更是因此失去生命。因此，对图片的调整绝对不能乱来，而是要遵循原则的。而且，原始数据极端重要，现在越来越多的期刊在论文发表时要求提供原始数据，学术界也在推动科研数据共享。因此，做好实验记录，保存好原始数据，按照规则调整图片，才是遵守学术规范的正确做法。科学研究的原始数据包括多种形式，比如实验记录本中手写的或打印的记录、实验中直接测量得到的数据、采集的照片，以及具象化的生物样本等，一般未经过技术手段处理。原始数据是学术写作的基础，需要保证数据记录的真实性、完整性，因此实验记录要规范。2007 年中国科协发布的《科技工作者科学道德规范（试行）》中就把原始数据记录篡改作为科研不端行为。2009 年发布的《关于加强我国科研诚信建设的意见》中也有类似规定。因此，进入实验室的首要工作是学习如何做规范的实验记录。

相对其他学术不端行为而言，剽窃可能是最容易被发现的，现在已有许多查重工具。而伪造与篡改相对就比较隐蔽，不是很容易被发现。目前已有期刊使用针对图片进行查重的软件，可以检测出图片的重复、拼接、拉伸、旋转等修改。囿于目前的技术和版权等问题，图片查重软件的应用还有很多局限性，但是相信随着科技发展，图片查重软件的应用会越来越广。

三、一稿多投和重复发表

根据《学术出版规范——期刊学术不端行为界定》（CY/T 174—2019），一稿多投和重复发表的表现形式如下。

一稿多投的表现形式包括：

（1）将同一篇论文同时投给多个期刊。

（2）在首次投稿的约定回复期内，将论文再次投给其他期刊。

（3）在未接到期刊确认撤稿的正式通知前，将稿件投给其他期刊。

（4）将只有微小差别的多篇论文，同时投给多个期刊。

（5）在收到首次投稿期刊回复之前，或在约定期内，对论文进行稍微修改后，投给其他期刊。

（6）在不做任何说明的情况下，将自己（或自己作为作者之一）已经发表的论文，原封不动或做些微修改后再次投稿。

重复发表的表现形式包括：

（1）不加引注或说明，在论文中使用自己（或自己作为作者之一）已发表文献中的内容。

（2）在不做任何说明的情况下，摘取多篇自己（或自己作为作者之一）已发表文献中的部分内容，拼接成一篇新论文后再次发表。

（3）被允许的二次发表不说明首次发表出处。

（4）不加引注或说明地在多篇论文中重复使用一次调查、一个实验的数据等。

（5）将实质上基于同一实验或研究的论文，每次补充少量数据或资料后，多次发表方法、结论等相似或雷同的论文。

（6）合作者就同一调查、实验、结果等，发表数据、方法、结论等明显相似或雷同的论文。

当我们把一篇论文投稿给期刊编辑部之后，通常的处理流程是这样的：责任编辑根据文稿内容分配负责的副主编，然后副主编对文稿进行初筛，判断文稿内容是否符合期刊收稿范围，文稿质量和写作水平如何，不符合收稿范围或质量太差的稿件在初筛中就会被拒稿，也就是俗称的"秒拒"。通过初筛后，文稿就会被送审，副主编根据文稿内容邀请数位审稿人审稿。在审稿人完成审稿后，副主编根据所有审稿人的建议（通常至少两位），结合自己的专业判断，对文稿做出决定，即修回、拒稿或转投等。这个过程花费两个月是非常正常的，如果邀请的审稿人拒绝审稿，就需要重新邀请审稿人，那花费的时间就更多。有的同学在面临毕业压力的时候，担心送审花费的时间太多，而自作聪明一稿多投，就很容易造成重复发表。

除了以上学术不端行为，不当署名、违背研究伦理、其他学术不端行为等，在该文件中也有具体界定。违背研究伦理的表现形式中就包括"论文所涉及的研究超出伦理审批许可的范围"，因肿瘤过大而被 *Nature* 撤稿事件（见文后案例 2）就是一个很好的例子。

学术不端行为违背科学精神，损害科学根基，危害极大。2016 年教育部发布了《高等学校预防与处理学术不端行为办法》，对学术不端的教育、预防、受理、调查、认定、处理、复核、监督都做出了明确规定。2019 年 6 月，中共中央办公厅、国务院办公厅印发了《关于进一步弘扬科学家精神加强作风和学风建设的意见》，要求加强作风和学风建设，营造风清气正的科研环境。里面对于科学家精神是这样描述的："胸怀祖国、服务人民的爱国精神，勇攀高峰、敢为人先的创新精神，追求真理、严谨治学的求实精神，淡泊名利、潜心研究的奉献精神，集智攻关、团结协作的协同精神，甘为人梯、奖掖后学的育人精神。"2019 年发布的《关于进一步规范和加强研究生培养管理的通知》中要求："健全预防和处置学术不端的机制。"学术不端行为的检测工具也在不断发展中，除了之前提到的查重工具，中国科学院文献情报中心研制了一个重磅工具——Amend 学术论文预警系统。科研伦理和学术道德关系到全人类的未来，一定要慎之又慎。

第二节 人类遗传资源相关科研伦理

一、人类遗传资源的定义

根据《中华人民共和国人类遗传资源管理条例》，人类遗传资源的定义为："人类遗传资源包括人类遗传资源材料和人类遗传资源信息。人类遗传资源材料是指含有人体基因组、基因等遗传物质的器官、组织、细胞等遗传材料。人类遗传资源信息是指利用人类遗传资源材料产生的数据等信息资料。"

我国有 56 个民族，山地和高原面积很大，人类遗传资源极为丰富。因为种族、地理环境、风俗习惯等，某些群体对疾病的易感性、临床表现、预后等与其他群体不同，对研究疾病机理和药物研发非常重要。科技的发展又进一步使相关样本和信息传输越来越容易。作为科研、制药等领域的物质和信息基础，人类遗传资源是提高人民健康、维护国家安全的重要战略性资源。目前我国人类遗传资源采集行政许可主要包括重要遗传家系人类遗传资源，特定地区人类遗传资源，科技部规定种类、数量的人类遗传资源。从事采集活动的主要是医疗机构、疾控机构、高校、科研院所、企业等。我国对人类遗传资源的应用处于快速发展阶段，共享平台有助于资源的利用和共享。

早在 1995 年，就有人私自潜入安徽山区，欺骗当地群众，提取血清，偷取这些地区人群的基因信息，进行哈佛大学"群体遗传学计划"的研究。2000 年 12 月，美国《华盛顿邮报》发文"在中国农村，有丰富的基因母矿"，报道了哈佛大学在中国安徽农村采集大量血样并偷运回美国的事件。2001 年，《瞭望》发表了"令人生疑的国际基因合作研究项目"，提出"在国际合作以及学术研究中，为了局部或个人的利益，就可以忽略或牺牲国家利益吗？……我们支持基因研究领域的国际合作，我们期望我们国家的基因研究突飞猛进，不亚于国人盼望我们的体育健儿在奥运会上披金挂银。但是，正如竞技体育不容兴奋剂玷污一样，基因研究也不能以牺牲公众的知情权和国家的根本利益为代价"。因此，应切实采取有效措施保护我国人类遗传资源，应在生命伦理准则的前提下，在我国法律法规的框架下，开展基因领域的合作研究。

二、人类遗传资源相关法律法规

1998 年发布的《人类遗传资源管理暂行办法》（以下简称《暂行办法》）是我国对人类遗传资源监管的初步尝试，部分条款没有实施细则的支撑。2015 年，科技部发布《人类遗传资源采集、收集、买卖、出口、出境审批行政许可事项服务指南》，严格按照《暂行办法》提出的"采集、收集、买卖、出口出境"管理范畴，对涉及我国人类遗传资源采集、收集和出口出境等活动的管理措施做了进一步规范和完善。2017年，科技部发布《科技部办公厅关于优化人类遗传资源行政审批流程的通知》，制定了针对为获得相关药品和医疗器械在我国上市许可，利用我国人类遗传资源开展国际合作临床试验的优化审批流程。

2019 年 3 月 20 日，国务院第 41 次常务会议通过并于同年 7 月 1 日起实施《中华人民共和国人类遗传资源管理条例》。为了深入落实该管理条例，进一步提高我国人类遗传资源管理规范化水平，科技部印发了《人类遗传资源管理条例实施细则》，包括七章七十八条，于 2023 年

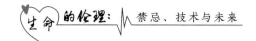

7月1日起实施，更详细地对我国人类遗传资源管理措施进行了规划。

2021年2月，《最高人民法院最高人民检察院关于执行〈中华人民共和国刑法〉确定罪名的补充规定（七）》规定了非法采集人类遗传资源、走私人类遗传资源材料罪等罪名。《中华人民共和国刑法修正案（十一）》在刑法第三百三十四条后增加一条，作为第三百三十四条之一："违反国家有关规定，非法采集我国人类遗传资源或者非法运送、邮寄、携带我国人类遗传资源材料出境，危害公众健康或者社会公共利益，情节严重的，处三年以下有期徒刑、拘役或者管制，并处或者单处罚金；情节特别严重的，处三年以上七年以下有期徒刑，并处罚金。"

2021年开始实施的《中华人民共和国生物安全法》使在我国境内从事人类遗传资源的采集、保存、出入境等活动的审批程序有法可依，以此保护生物资源、保障国家安全和人民健康，对我国人类遗传资源的管理具有里程碑意义。目前随着测序、多组学和生物信息学技术的发展，大数据越来越引起大众的关注。大数据作为重要的战略资源，尤其是电子形式的生物样本信息和生物样本本身，都应该受到保护。根据《信息安全技术重要数据识别指南（征求意见稿）》，人类遗传资源信息、基因测序原始数据属于重要数据的范畴。2021年9月1日开始实施的《中华人民共和国数据安全法》要求："工业、电信、交通、金融、自然资源、卫生健康、教育、科技等主管部门承担本行业、本领域数据安全监管职责。""重要数据的处理者应当明确数据安全负责人和管理机构，落实数据安全保护责任。"

第三节　生物安全法

生物安全法

一、生物安全法的背景

2001 年 9 月，5 封装有炭疽杆菌的信件分别被寄给美国广播公司、哥伦比亚广播公司、全国广播公司、纽约时报以及佛罗里达州的一家媒体；三周后，2 封装有炭疽杆菌的信件被寄给两名民主党参议员。此次炭疽事件共造成 5 人死亡、17 人感染，使十余座建筑受到污染，造成的经济损失超过 10 亿美元。

2018 年 11 月，贺建奎主导的"基因编辑婴儿"事件引发全球哗然，贺建奎和另外 2 名人员因共同非法实施以生殖为目的的人类胚胎基因编辑和生殖医疗活动，构成非法行医罪。

外来入侵物种若对自然生态系统已造成或具有潜在威胁，将被列入《中国外来入侵物种名单》。2020 年 6 月，生态环境部发布《2019 中国生态环境状况公报》，显示我国已发现 660 多种外来入侵物种。其中 71 种对自然生态系统已造成或具有潜在威胁，并被列入《中国外来入侵物种名单》。

以上这些事件，都是生物安全的一部分。那么，什么是生物安全呢？生物安全指国家有效防范和应对危险生物因子及相关因素威胁，生物技术能够稳定健康发展，人民生命健康和生态系统处于相对没有危险和不受威胁的状态，生物领域具备维护国家安全和持续发展的能力。随着生物技术的发展，环境日益复杂，要想防范生物威胁、抓住生物经济

机遇，就一定要保障生物安全。生物安全是国家安全的重要组成部分。

二、生物安全法的主要内容

2020 年 10 月 17 日，中华人民共和国第十三届全国人民代表大会常务委员会第二十二次会议通过《中华人民共和国生物安全法》（以下简称《生物安全法》），自 2021 年 4 月 15 日起施行。制定《生物安全法》的目的是维护国家安全，防范和应对生物安全风险，保障人民生命健康，保护生物资源和生态环境，促进生物技术健康发展，推动构建人类命运共同体，实现人与自然和谐共生。

《生物安全法》完善了生物安全风险防控基本制度，包括生物安全风险监测预警制度，生物安全风险调查评估制度，生物安全信息共享制度，生物安全信息发布制度，生物安全名录和清单制度，生物安全标准制度，生物安全审查制度，生物安全应急制度，生物安全事件调查溯源制度，首次进境或者暂停后恢复进境的动植物、动植物产品、高风险生物因子国家准入制度，境外重大生物安全事件应对制度，全链条防控生物安全风险。

生物安全与我们每一个人都密切相关，让我们一起来学习《生物安全法》吧。

从事哪些活动适用《生物安全法》呢？第一，防控重大新发突发传染病、动植物疫情；第二，生物技术研究、开发与应用；第三，病原微生物实验室生物安全管理；第四，人类遗传资源与生物资源安全管理；第五，防范外来物种入侵与保护生物多样性；第六，应对微生物耐药；第七，防范生物恐怖袭击与防御生物武器威胁；第八，其他与生物安全相关的活动。

如果我们出国旅游，该如何履行生物安全法义务呢？最主要的就是不要随意携带、邮寄、传递有疫病疫情风险的检疫物品入境。根据《中华人民共和国禁止携带、邮寄进境的动植物及其产品名录》规定，蔬菜、新鲜水果、种子、苗木等都是明令禁止携带入境的。动物及制品和其他检疫物类也是明令禁止携带的，包括肉类、奶制品、蛋及其制品；除了犬、猫的所有哺乳动物、鸟类、鱼类、昆虫类等；动物源性饲料、中药材、肥料；菌种、毒种等其他检疫物类；动植物病原体，其他有害生物及材料；动物尸体、标本、动物源性废弃物；土壤、转基因生物材料，以及国家禁止进境的其他动植物产品和检疫物。这些看似无害的产品，如果进入我国，其中潜藏的疫情疫病传入可能严重危害农林牧渔业生产和生态环境安全。海关在口岸依法对所有入境人员随身携带或托运的物品实施查验。如果携带了动植物及其产品，在入境时应主动申报，或将禁止进境物投入检疫物品投弃箱。

如果我们想携带自己的宠物入境呢？旅客每人每次限带 1 只宠物入境，而且仅限犬或猫。以下三种情况可以免于隔离检疫：一是来自指定国家或者地区携带入境的宠物，具有有效电子芯片，经现场检疫合格的；二是来自非指定国家或者地区的宠物，具有有效电子芯片，提供采信实验室出具的狂犬病抗体检测报告并经现场检疫合格的；三是携带宠物属于导盲犬、导听犬、搜救犬的，具有有效电子芯片，携带人提供相应使用者证明和专业训练证明并经现场检疫合格的。除此之外，其他宠物均需在国家指定口岸入境，进行为期 30 天的隔离检疫。如果不属于这三类，就应提前办理进境动植物检疫审批手续，凭进境动植物检疫审批许可证及国外官方机构出具的检疫证书，经海关检疫合格才能入境。

如果我们已经偷偷带进来了外来物种，现在才知道害怕，可以偷偷丢弃或释放吗？不可以！未经批准，擅自引进外来物种的，由县级以上人民政府有关部门根据职责分工，没收引进的外来物种，并处 5 万元以上 25 万元以下的罚款。违反国家规定，非法引进、释放或者丢弃外来入侵物种，情节严重的，处 3 年以下有期徒刑或者拘役，并处或者单处罚金。

如果在我国发现新的植物，可以带些种子出国研究吗？境外组织、个人及其设立或者实际控制的机构获取和利用我国生物资源，应当依法取得批准。

如果我们想发布一些未经确认的生物安全信息呢？请注意，任何单位和个人不得编造、散布虚假的生物安全信息。

如果个人或单位发现了新发突发传染病或动植物疫情，应该怎么做呢？应当及时向医疗机构、有关专业机构或者部门报告。如果是医疗机构、专业机构及其工作人员发现了新发突发传染病或动植物疫情，应及时报告并采取保护性措施。依法应当报告的，任何单位和个人不得瞒报、谎报、缓报、漏报，不得授意他人瞒报、谎报、缓报，不得阻碍他人报告。

如果个人想开展病原微生物研究，可以自己设立病原微生物实验室吗？不可以！如果想去参观高等级的病原微生物实验室呢？一定要获得实验室负责人的批准，未经批准进入高等级病原微生物实验室也是违法的。

如果想利用我国人类遗传资源开展国际科研合作呢？应当经国务院科学技术主管部门批准，才可进行。未经批准，绝不可将我国人类遗传资源材料运送、邮寄、携带出境。

如果个人想购买特殊生物因子呢？个人不得购买或者持有列入管控清单的重要设备和特殊生物因子。

如果发生了生物恐怖袭击事件，该怎么处理，《生物安全法》里有规定吗？在《生物安全法》的第七章"防范生物恐怖和生物武器威胁"中，要求在发生生物恐怖袭击事件时，第一要务就是保护人民群众的人身安全。要求在生物恐怖袭击事件发生后，履行统一领导职责或者组织处置突发事件的人民政府，要针对事件的性质、特点和危害程度，立即组织有关部门，调动应急救援队伍和社会力量，组织救治受害人员，疏散、撤离并妥善安置受到威胁的人员，切身保障广大人民群众的人身安全。

《生物安全法》是生物安全领域的基础性、综合性、系统性、统领性法律，《生物安全法》的出台有助于从法律制度层面解决我国生物安全管理领域存在的问题、有助于确保生物技术健康发展、有助于保护人民生命健康、有助于维护国家生物安全，必将产生积极而深远的影响。

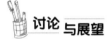

讨论 与展望

1. 你对不当署名了解多少？

2. 你知道原始数据应在论文发表后保存多久吗？对于原始数据共享，你有什么看法？

3. 如果你去医院体检，你的血样被收集作为人类遗传资源信息进行分析处理，你认为，这个流程需要你的知情同意吗？如果是，在知情同意时，你希望了解这个科研项目的哪些信息呢？

4. 对于与国外机构合作采集我国人类遗传资源，你认为有哪些可能的风险？应如何进行监管？

【案例1】小保方晴子事件

如果我们的手被划了一个小口子，很快局部皮肤就能自我更新和修复，伤口就会愈合。如果一个患者发生了心肌梗死，缺血的心肌组织会出现坏死，心肌组织能不能再生并修复自己呢？不可以。成年后，人体有的器官依然具有再生能力，如皮肤和肝脏，但是有的器官在成年之后，基本上就不具有再生能力了，如心脏和大脑。心肌梗死患者体内缺血的心肌组织坏死后，心肌细胞无法再生，患者的心脏功能就会逐渐恶化，并最终发展为心力衰竭。而终末期心力衰竭患者就只能寄希望于心脏移植。但是我们都知道，心脏供体非常稀缺，远远不能满足临床需求。如果我们能让心肌细胞再生，是不是就可以用于救治心力衰竭患者呢？再扩展一点，如果人体内所有的细胞都可以再生，我们是不是就可以返老还童、永葆青春呢？具有自我更新能力和分化潜能的细胞，叫作干细胞，是科研的热点。1998 年，詹姆斯·汤姆森（James Thomson）建立了世界上第一株人类胚胎干细胞，并证实其具有高度的分化潜能。但是胚胎干细胞的获取，有赖于人类胚胎。因此，一直面临着伦理困境。

2006 年，日本京都大学山中伸弥教授团队发现，利用反转录病毒的方式，将四个与干细胞特性相关的转录因子导入小鼠皮肤纤维母细胞，就可以促使纤维母细胞重编程，转变为具有分化能力的多能性干细胞。这种细胞被称为诱导式多能性干细胞，即 iPS 细胞。山中伸弥教授因此获得 2012 年诺贝尔生理学或医学奖。但是，这种细胞的获取，需要向细胞内导入特殊的基因，成功率不高，还存在损坏原有基因的风险。

在这样的背景下，一种新的干细胞横空出世，被誉为继胚胎干细胞、诱导式多能性干细胞之后的"第三种万能细胞"，引起全球瞩目。2014 年 1 月，日本理化学研究所再生科学综合研究中心小保方晴子课题组在《自然》（Nature）期刊发表两篇论文，宣布成功制作出一种全新"万能细胞"，它叫作刺激触发性多能性获得细胞（Stimulus－triggered acquisition of pluripotency cell，STAP 细胞）。其成果在同一天分别以一篇 Article 和一篇 Letter 的方式发表于 *Nature*，一度被认为是有可能拿到诺贝尔奖的成果。两篇论文的第一作者都是小保方晴子。

STAP 细胞的制作方法很简单，将从老鼠脾脏取出的细胞放在与橙汁酸碱度近似的弱酸性溶液里刺激处理约 30 分钟即可，只需要 2 天时间。而且用 STAP 细胞已经培养出了 iPS 细胞无法制作的神经、肌肉、肠管上皮等多种细胞。此前科学界一直认为，一旦细胞的功能固定下来，在这种程度的刺激下是不可能变成"万能细胞"的。因此，STAP 细胞被认为是颠覆生命科学常识的划时代重大成果。

做出这么重大成果的小保方晴子，又是何许人呢？小保方晴子1983 年出生于日本千叶县松户市，曾在松户市立第六中学、东邦大学附属东邦高等学校就读。2002 年 4 月，进入早稻田大学理工学部应用化学专业学习，并于 2006 年 3 月毕业。同年进入早稻田大学攻读研究生，在东京女子医科大学大和雅之教授的指导与帮助下，小保方晴子在早稻田大学从事医学－工学交叉科学研究领域研究。大和雅之是东京女子医科大学尖端生命医学研究所的再生医学教授，同时也是小保方晴子论文的合作作者。2008 年，小保方晴子获得早稻田大学研究生学位。2008—2009 年，在早稻田大学博士学习期间，小保方晴子在哈佛大学医学院查尔斯·维坎提教授的实验室留学，从事"万能细胞"相关研究。查尔斯·维坎提是美国哈佛大学医学院布莱根妇女医院麻醉学和组织工程学专家。1997 年，他首次在一只小鼠的背上生出一个人耳形状的软骨。他也是 2014 年小保方晴子的 STAP 细胞文章的通信作者。2010年，小保方晴子回到日本，并于 2011 年 3 月从早稻田大学博士毕业。随后，小保方晴子加入日本理化学研究所的若山照彦研究团队，并成为客座研究员，于 2013 年升任日本理化学研究所发育与再生医学综合研究中心学术带头人。这一年，她刚刚 30 岁。做出了这么重大的研究成果，又年轻漂亮，小保方晴子理所当然受到万众瞩目，成为冉冉升起的学术新星。

小保方晴子在日本理化学研究所的领导若山照彦、笹井芳树是这两篇论文的共同作者。笹井芳树是 2012 年诺贝尔奖得主，英国科学家格登的再传弟子，日本理化研究所发育生物学中心的副主任，也是再生医学领域的一名有世界级影响力的学者。

但是在论文发表的当天，就有学者对实验可重复性提出疑问，随后全球其他 11 位学者的课题组开始重复实验，但是仅有一位检测到微弱的信号，其重复的结果也只是有限的重复结果。2014 年 2 月，*Nature* 展开调查，发现有十位杰出的干细胞学家表示无法重现小保方晴子的研究结果。2 月 17 日，日本理化学研究所宣布，将组织审查委员会对 STAP 细胞论文中的"不自然之处"进行调查。4 月 1 日，理化学研究所发布完整调查报告，指出小保方晴子涉嫌图片拼接造假、抄袭、图片无法对应、使用实验条件不同的博士论文图片等问题，作为 STAP 细胞研究基石的多张图片存在问题。数据的整体性和可信性从根本上被破坏。因此，判断小保方晴子涉及捏造这一学术不端行为。但此调查并没有对 STAP 细胞是否真实进行评估，也没有立即建议撤回论文。4 月 7 日，理化学研究所表示会重复这些有争议的研究，并和外部学者合作重复培养 STAP 细胞。

自 3 月起，包括论文共同作者在内的多位研究者呼吁撤回 STAP 细胞的研究论文。小保方晴子在 4 月 9 日的记者会上表示，STAP 细胞真实存在，是经多次确认的事实，希望不要因为论文上出现的"失误"否定 STAP 细胞，并对调查结果提出申诉，要求理化学研究所认定其研究

"不存在违规"，并重新进行调查。6月4日，理化学研究所从小保方晴子处获得撤回 STAP 细胞论文的书面同意。7月2日，*Nature* 撤稿。

但是纷争并未随着撤稿而平息。小保方晴子的导师笹井芳树成了旋涡的中心，受到很多攻击。尽管最后调查结果认为，作为共同作者，笹井芳树只在论文投稿前看到过被篡改后的图像，因此判定无学术不端。但笹井芳树情绪非常低落，打算为该论文承担全部责任。2014年8月5日，笹井芳树在研究所的一栋楼内悬梁自尽，时年52岁，被认为是再生科学界的巨大损失。在他携带的包里发现了他写给小保方晴子的遗书，上面写道"不是你的原因""一定要让 STAP 细胞重现"，他至死都相信小保方晴子的 STAP 细胞是真实的。

2014年8月，中期验证试验宣告失败。12月19日，理化学研究所召开新闻发布会，公布 STAP 细胞事件的结果。在验证 STAP 细胞是否存在的实验中，小保方晴子未能制作出这种细胞，重复验证实验宣告结束。小保方晴子本人未出现发布会，发布会上公示了她本人撰写的辞职信。由理化学研究所聘请的纯外部专家委员会于12月25日提交了长达30多页的调查报告和24页的幻灯片，其中展示："STAP 细胞论文基本上已遭全盘否定，如此多的鼠胚胎干细胞的混入已超出过失的范围，不排除有人为故意的可能性""共同研究者和论文的共同执笔人对于没有实验记录、没有原始数据，以及明显可见有问题的图表等情形竟然刻意忽略或疏于确认""小保方晴子当时所属研究室的负责人若山照彦，以及最终负责论文汇整的笹井芳树，都监管疏忽、负有重大责任"。

2015年11月，早稻田大学宣布正式取消小保方晴子的博士学位，但给予她一年时间进行论文修改。但校方最终认定，修改后的论文未达到博士论文水平，正式撤销其博士学位。理化学研究所的审查委员会在报告中对发育生物学中心提出了批评："日本理化所发育生物学中心似乎有着强烈的欲望要生成超越 iPS 细胞研究的突破性成果。""我们的结论是，发育生物学中心的组织体制是部分问题发生的原因。"审查委员会提出，要对发育生物学中心进行全面审查，必要时可能对其进行重组，绝不仅仅是换个名字。

【案例 2】 因为肿瘤过大而被 *Nature* 撤稿事件

肿瘤过大而被
Nature 撤稿
事件

Nature 是全球历史悠久、享有盛名的一份学术期刊，由约瑟夫·诺尔曼·洛克耶（Oseph Norman Lockyer）爵士创刊于 1869 年 11 月 4 日，是世界上最早的国际性、综合性科学技术期刊。洛克耶爵士是天文学家，也是氦元素的发现者之一，也是该期刊的第一位主编。自创刊以来，*Nature* 始终如一地报道和评论全球科技领域里的重要突破。*Nature* 在创刊历史、影响因子、发文量、影响力等各个方面，都是国际顶级学术期刊中的执牛耳者。

Nature 在 2011 年发表了一篇论文，描述从胡椒中提取的一种化合物——荜茇酰胺可以杀死癌细胞，但正常细胞不会受到伤害。给裸小鼠体内接种膀胱癌细胞后，可以长成很大的肿瘤，而腹腔注射给荜茇酰胺连续 3 周后，肿瘤体积显著缩小。同样，荜茇酰胺对小鼠接种的乳腺癌、肺癌和黑色素瘤都展示了很强的抑制效应。这篇文章不仅吸引了许多媒体的注意，同时也吸引了跟风研究者的眼球，继续研究此化合物对癌症的影响。以 PubMed 数据库为例，相关研究成果数量明显增加。但从 2011 年的相关研究结果出现时，研究人员就对一些图有疑虑，包括小鼠的巨大肿瘤，认为他们在研究过程中经历了不合理的痛苦。

2012 年，这篇论文的作者向 *Nature* 提交了论文的勘误，更新了部分图表数据，这些数据中包含一张实验小鼠的肿瘤照片，这张照片一经公布，就引起了巨大的学术争议。对照组小鼠的肿瘤体积很大，直径远远超过了 1.5cm，严重影响了小鼠的日常运动和生存质量。于是，争议纷至沓来。这个研究有没有超出伦理审批的范围呢？动物背负着这么大的肿瘤，他们的福利有没有得到保障呢？作者在 2015 年的一次勘误中也承认了这一问题，这样的肿瘤大小已经严重违背了哈佛大学医学院关于动物实验伦理的规定。

2015 年，迫于肿瘤图片引发的巨大争议，论文的作者在 Nature 再次发表勘误，承认论文存在动物伦理的问题，并撤回部分图片。但争议并未停止，一些研究人员继续发表自己的意见，认为 Nature 的编辑应该发表谴责和道歉声明，这位研究者今后参与动物实验应受到限制，此外，此类研究的结果应撤回，因为它们的价值可疑，且不应被重复。Nature 作为期刊行业备受瞩目的领跑者之一，对这篇论文的宽大处理会不会让其他研究者效仿？争议继续发酵，有一篇社论认为，动物可能"比最初允许经历更多的痛苦和折磨"，但结果仍然是"有效的和有用的"。2018 年 7 月 25 日，Nature 编辑部公布了简短的撤稿通知，表明部分数据图的原始数据是无效的，这些有问题的图引发了对于论文中所有数据的完整性的担忧。尽管 Nature 之前发表过两次相关勘误，但总体而言，这些问题破坏了本研究的完整性。

但根据科睿唯安统计，这篇撤稿论文已经被引用 841 次，即使在 2015 年 9 月发表勘误以来，它也已经被引用了数百次。而在被撤稿之后，这篇文章依然继续被引用。就连 2015 年发表的勘误，都被引用了 18 次。那么，这些引用对整个学术界造成的后果，又该如何估计呢？

参考文献

[1] 方向东，朱波峰. 人类遗传资源与生物大数据 [J]. 遗传，2021，43（10）：

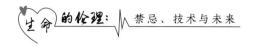

921—923.

［2］方玉东，陈越，常宏建，等．科学研究中原始数据的记录与保存［J］．中国科学基金，2014，28（4）：276—280．

［3］赵添羽，华玉涛，何蕊，等．我国人类遗传资源采集活动现状分析与对策建议［J］．中国生物工程杂志，2022，42（5）：139—145．

［4］董晨章，朱晓燕，姜来，等．我国人类遗传资源应用与管理现状［J］．上海预防医学，2023，35（5）：513—517．

［5］熊蕾，汪延．令人生疑的国际基因合作研究项目［J］．瞭望新闻周刊，2001（13）：24—28．

［6］陈柳．现代生物技术发展对人类社会的影响及中国的应对［J］．大连理工大学学报（社会科学版），2021，42（4）：123—128．

［7］邱仁宗．生命伦理学［M］．增订版．北京：中国人民大学出版社，2020．

图书在版编目（CIP）数据

生命的伦理：禁忌、技术与未来 / 高祥，张媛媛主编. 一 成都：四川大学出版社，2024.6
（明远通识文库）
ISBN 978-7-5690-6433-9

Ⅰ. ①生… Ⅱ. ①高… ②张… Ⅲ. ①生命伦理学
Ⅳ. ① B82-059

中国国家版本馆 CIP 数据核字（2023）第 207382 号

书　　名：生命的伦理：禁忌、技术与未来
　　　　　Shengming de Lunli：Jinji、Jishu yu Weilai
主　　编：高　祥　张媛媛
丛 书 名：明远通识文库

出 版 人：侯宏虹
总 策 划：张宏辉
丛书策划：侯宏虹　王　军
选题策划：张　澄
责任编辑：张　澄
责任校对：龚娇梅
装帧设计：燕　七
责任印制：王　炜

出版发行：四川大学出版社有限责任公司
　　　　　地址：成都市一环路南一段 24 号（610065）
　　　　　电话：（028）85408311（发行部）、85400276（总编室）
　　　　　电子邮箱：scupress@vip.163.com
　　　　　网址：https://press.scu.edu.cn
印前制作：四川胜翔数码印务设计有限公司
印刷装订：四川省平轩印务有限公司

成品尺寸：165 mm×240 mm
印　　张：12.75
插　　页：4
字　　数：173 千字

版　　次：2024 年 6 月 第 1 版
印　　次：2024 年 6 月 第 1 次印刷
定　　价：58.00 元

扫码获取数字资源

四川大学出版社
微信公众号